湖泊营养物基准和富营养化控制标准丛书

中国湖泊富营养化及其区域差异

许其功 席北斗 曹金玲 等 编著

科学出版社
北京

内 容 简 介

本书共分 6 章。前两章主要叙述我国不同湖泊区域典型湖泊的水环境现状、水体营养状态及湖泊富营养化演化趋势；第 3~6 章分别从自然地理特征及社会经济发展水平角度出发，分析自然地理驱动因素及社会经济发展指标与湖泊营养状态的关系，从而明晰不同湖泊区域引起湖泊富营养化的主要驱动因素，为实现湖泊富营养化的分区控制提供科学依据。

本书的内容涉及湖泊富营养化的基础理论知识、科学研究的成果、湖泊环境管理等多方面的内容，适合高校湖泊富营养化控制和管理相关专业的研究生、科研工作者及湖泊管理者参考。

图书在版编目(CIP)数据

中国湖泊富营养化及其区域差异/许其功，席北斗，曹金玲等编著. —北京：科学出版社，2013.11
（湖泊营养物基准和富营养化控制标准丛书）
ISBN 978-7-03-039059-2

Ⅰ.①中… Ⅱ.①许… ②席… ③曹… Ⅲ.①湖泊污染-富营养化-研究-中国 Ⅳ.①X524

中国版本图书馆 CIP 数据核字(2013)第 260652 号

责任编辑：杨 震 刘 冉 刘志巧／责任校对：彭 涛
责任印制：赵德静／封面设计：耕者设计工作室

科学出版社 出版
北京东黄城根北街16号
邮政编码：100717
http://www.sciencep.com

北京凌奇印刷有限责任公司 印刷
科学出版社发行 各地新华书店经销

*

2013 年 11 月第 一 版　开本：720×1000 1/16
2013 年 11 月第一次印刷　印张：15 3/4
字数：300 000

POD定价：118.00元
（如有印装质量问题，我社负责调换）

丛 书 序

湖泊是大自然赐予人类的"天然宝库",作为自然生态系统的重要组成部分,与人类生存和发展息息相关,是维系人与自然和谐发展的重要纽带,在支撑区域生态安全和流域经济社会可持续发展等方面发挥着重要作用。强化湖泊保护,合理开发利用湖泊资源,维护其生态系统健康,让湖泊休养生息、恢复生机,已经成为世界各国的共识。

我国湖泊数量众多、分布广泛、类型多样,区域差异性显著,是流域经济社会可持续发展和人们赖以生存的基础,在国民经济的可持续发展中具有重要的价值。过去的三十年来,随着湖泊流域人口增长,工业化、城镇化进程快速推进,大量氮磷进入湖泊,超过其环境承载力,湖泊环境保护与流域经济社会发展之间存在诸多矛盾,缺乏基于区域差异性的分区控制策略,流域经济社会发展模式相对粗放,对湖泊水环境造成极大威胁,致使我国湖泊富营养化趋势日益严重,范围不断扩大、频率不断加快、危害不断加重,严重威胁着湖泊生态系统健康和饮用水安全。我国政府高度重视湖泊环境保护与富营养化的控制,提出了"让江河湖泊休养生息、恢复生机"的战略思想。

做好湖泊富营养化防治的顶层设计和防治策略,必须依靠环境科技的进步。目前,美国、欧盟、澳大利亚等基于营养物生态分区,科学确定营养物基准,已出台和正在出台的湖泊、水库营养物基准和富营养化控制标准,对控制湖泊富营养化、恢复湖泊水生态系统健康发挥了巨大作用。虽然我国的水质标准已有很大进步,而我国在湖泊营养物基准和富营养化控制标准研究方面几乎空白,在湖泊富营养化管理方面主要依据《中华人民共和国地表水环境质量标准》(GB 3838—2002),缺乏针对不同区域特点的营养物基准和富营养化控制标准,无法体现分区控制和分类指导,与国外先进的水质标准体系相比,仍存在诸多不足之处,还难以达到我国的水生态安全保障的基本目标。基于我国湖泊地理自然、气候、经济社会等区域差异性显著的特点,急需在我国湖泊区域差异性调查和营养物生态分区的基础上,制定不同分区湖泊营养物基准和富营养化控制标准,按照"分区、分类、分期、分级"的总体思路,实施基准标准战略是我国湖泊富营养化防治的全新理念,也是解决我国湖泊富营养化问题的必由之路。本丛书在国家"十一五"水体污染控制与治理科技重大专项"我国湖泊营养物基准和富营养化控制标准研究"(2009ZX07106—001)的大力资助下,在系统开展我国湖泊富营养化区域差异性调查与分析的基础上,阐明了我国湖泊富营养化区域差异规律与驱动机制,建立了能反映区域差异的全国湖泊营养物生态分区理论和技术方法体系，完成全国 8 个一级分区和 37 个二级分区，统筹运用多元统计、模型推断、历史反演等科学方法，提出适合我国国情的不同分区湖泊营养物基准制定的方法学，并在典型湖区进行应用，确定了典型湖区的参照状态和营养物基准，综合考虑湖泊功能、经济社会发展水平等，实现了湖泊营养物基准向标准的科学转化，构建了湖泊富营养化控制分级标准及其评估技术体系，并在五个典型湖泊进行标准应用示范，提高标准的可操作性，基于湖泊水环境承载力构建绿色流域管理体系，并提出了国家湖泊流域营养物分区分类削减策略。本丛书的部分内容填补了我国在湖泊水质基准方面的空白，将完善我国水质标准体系，提高我国湖泊综合管理水平，规范营养物削减和富营养化综合防治体系，引导并集成适用于不同区域不同富营养化程度湖泊污染控制技术体系，推动我国湖泊富营养化的控制和生态恢复工作。本丛书的出版将对我国湖泊保护、综合治理及管理制度的创新产生重要而深远的影响。

为科学开展湖泊富营养化防治并保障其水生态系统健康，需要综合运用科技、法律法规、经济政策等手段，在相当长的时期内统筹解决。在技术上，希望相关的环境科研工作者继续发挥刻苦钻研的工作精神，在已取得成绩的基础上，持续突破创新，为建立基于不同分区营养物基准标准的我国湖泊富营养化防控和绿色流域管理体系做出应有的贡献，同时，期待更多的好书不断面世。

刘鸿亮

2012 年 7 月

前　言

　　我国湖泊数量众多、分布广泛、类型多样，湖泊的营养物水平和富营养化效应区域差异性显著，目前在湖泊保护方面缺乏能反映区域差异、体现分类指导的分区营养物基准和标准，致使湖泊治理缺乏科学目标，管理缺乏有效手段。"十一五"期间，中国环境科学研究院刘鸿亮院士组织了以中国环境科学研究院为主体的研究小组，在我国湖泊富营养化区域差异性分析的基础上，进行湖泊营养物生态分区，并针对每个营养物生态区制定相应的营养物基准和富营养化控制标准，为实现湖泊富营养化的分区管理提供技术支撑。本书的内容是我国湖泊富营养化区域差异性分析研究成果的整合，同时引用项目组其他成员的研究成果，整体上反映不同湖泊区域营养物水平、富营养化效应及富营养化驱动因素的区域差异性。

　　本书共分6章。第1章由许其功、曹金玲、丁京涛、高如泰等负责撰写，介绍我国湖泊总体概况。第2章由曹金玲、许其功、席北斗、江立文、王海军、吴献花、魏自民、陈学民等负责撰写，介绍五大湖区重点湖泊的自然地理和社会经济概况、水质现状、湖泊富营养化演化趋势等内容，全面分析不同湖区湖泊富营养化的特点，为我国湖泊富营养化区域差异性分析提供基础数据。第3章由许其功、曹金玲、席北斗、魏自民、高如泰等负责撰写，介绍我国湖泊自然地理特征及湖盆形态的差异，系统分析不同地形地貌区域湖泊水质现状及差异性、不同湖盆形态湖泊水质现状及差异性，探讨湖泊自然地理特征及湖盆形态对湖泊富营养化的影响。第4章由许其功、曹金玲、高如泰、丁京涛、毛敬英、姜磊等负责撰写，分析我国自然地理特征与湖泊富营养化的关系，气候因素与湖泊富营养化状态的关系，比较我国地形地貌第二级和第三级阶梯，影响湖泊营养状态的地理位置因素、湖盆形态因素及气候因素。第5章由曹金玲、李小平、王海军、吴献花、许其功等负责撰写，以云贵高原为例，分析土地利用类型、人口密度及GDP等社会经济因素对湖泊富营养化的影响，并对湖泊水环境承载力的理论体系及案例进行介绍。第6章由曹金玲、杨柳燕等负责撰写，分析我国湖泊浮游藻类对营养物质氮磷生态效应的区域差异性、藻类生物量对水体透明度影响的区域差异性，以及不同湖区典型湖泊微囊藻毒素（MCs）的分布特征。以上各章节的内容全面体现了在自然地理因素及社会经济因素作用下，湖泊富营养化及其效应的区域差异性，为湖泊富营养化的分区管理及控制提供了科学支撑。

本书在我国湖泊富营养化区域差异性分析方面是首次尝试，尚有许多不足之处，虽已进行多次修改和完善，但仍显粗糙，书中不当之处在所难免，望同行学者不吝指正。

本书在撰写过程中，刘永定、李小平、杨柳燕、江立文、吴献花、魏自民、陈学民、赵忠、狄一安等老师均参与编写并给予了指导，席北斗、曹金玲、高如泰、霍守亮、丁京涛、何连生、毛敬英、张慧、姜磊、卢义、薛成、张媛等作出了重要的贡献。曹金玲、高如泰和丁京涛做了本书的统稿、校正工作。同时，感谢中国环境科学研究院孟伟院长、金相灿研究员在本书编写过程中给予的指导和建议。感谢科学出版社杨震和刘冉编辑的支持和指导。

目　　录

丛书序
前言
第1章　中国湖泊总体概况 ·· 1
  1.1　中国湖泊富营养化发展趋势及控制阶段划分 ··· 3
    1.1.1　湖泊富营养化发展趋势 ··· 3
    1.1.2　富营养化控制阶段划分 ··· 5
  1.2　中国湖泊营养物质现状 ·· 7
    1.2.1　湖泊营养物质氮磷的空间分布特征 ··· 7
    1.2.2　湖泊浮游植物生物量的空间分布特征 ··· 11
    1.2.3　湖泊营养物质氮磷及浮游植物生物量的统计学特征 ······························ 13
  1.3　中国湖泊富营养化现状 ·· 17
第2章　典型湖区及重点湖泊概况 ·· 19
  2.1　苏北湖泊群水环境现状及变化趋势 ··· 19
    2.1.1　苏北湖泊群概况 ··· 19
    2.1.2　苏北湖泊群水环境变化趋势 ··· 21
    2.1.3　2010年苏北湖泊群水质状况 ·· 22
    2.1.4　2011年苏北湖泊群水质状况 ·· 26
    2.1.5　2012年苏北湖泊群水质状况 ·· 31
  2.2　苏南地区湖泊富营养化特征 ··· 34
    2.2.1　苏南地区湖泊富营养化基本特征 ·· 35
    2.2.2　湖泊富营养化状况评价 ·· 37
    2.2.3　湖泊富营养化指标的空间性差异 ·· 38
    2.2.4　苏南地区湖泊富营养化指标的演变趋势 ·· 41
    2.2.5　苏南地区湖泊现状水质数据的拐点分析 ·· 51
    2.2.6　富营养化指标的相关性分析 ··· 53
    2.2.7　基于分位数回归的湖泊营养物与藻类增长的关系 ·································· 54
    2.2.8　各湖泊的底泥环境状况分析比较 ·· 58
    2.2.9　结论 ··· 60

2.3 江西省湖泊富营养化特征 ·· 61
2.3.1 江西省湖泊概况 ··· 61
2.3.2 湖泊特征参数的表达与转换 ·· 63
2.3.3 江西湖泊富营养化评价 ··· 70
2.3.4 江西湖泊富营养化环境要素特征分析 ··· 72
2.3.5 江西省湖泊底质指标现状分析 ·· 80
2.3.6 江西省部分湖泊富营养化趋势分析 ·· 84
2.3.7 江西省富营养化湖泊驱动因子研究 ·· 88

2.4 蒙新高原湖区富营养化状况及原因分析 ······································· 92
2.4.1 蒙新高原湖区自然地理和社会经济概况 ··· 92
2.4.2 蒙新高原湖区特征湖泊富营养化状况 ··· 93
2.4.3 自然地理因素与湖泊营养状态的关系 ··· 94
2.4.4 蒙新高原湖区浮游植物生物量与自然地理特征的相关性分析 ········· 98
2.4.5 蒙新高原湖区营养状态变化趋势及原因分析 ···································· 101

2.5 青藏高原湖区富营养化状况及原因分析 ······································· 103
2.5.1 青藏高原湖区自然地理和社会经济概况 ··· 103
2.5.2 青藏高原典型湖泊水质状况及趋势分析——青海湖 ························· 104
2.5.3 青藏高原典型湖泊水质现状 ·· 117

2.6 湖北省湖泊富营养化环境要素特征及变化趋势分析 ··············· 126

2.7 云南省湖泊富营养化环境要素特征及变化趋势分析 ··············· 129
2.7.1 云南省主要湖泊富营养化现状评价 ··· 131
2.7.2 云南湖泊水质指标区域差异性分析 ··· 132
2.7.3 云南省湖泊水质指标聚类分析 ··· 137
2.7.4 云南省湖泊浮游藻类生物量的区域差异性分析 ································· 138
2.7.5 云南省湖泊浮游植物生物量聚类分析 ··· 139
2.7.6 云南省湖泊区域差异性聚类分析 ··· 140
2.7.7 富营养化相关指标跃迁分析 ·· 141

2.8 东北平原-山地湖区湖泊富营养化概况 ·· 147
2.8.1 东北平原-山地湖区自然地理和社会经济概况 ··································· 147
2.8.2 东北平原-山地湖区典型湖泊富营养化状况 ······································· 148
2.8.3 东北平原-山地湖区富营养化相关水质指标的区域差异性 ··············· 150
2.8.4 东北平原-山地湖区湖泊营养状态变化趋势及原因分析 ··················· 160

第3章 中国湖泊自然地理特征差异 ··· 161

目录

3.1 地形地貌特征差异 ··· 161
- 3.1.1 湖泊成因分析 ··· 162
- 3.1.2 各地形地貌湖泊分布概况 ··· 163
- 3.1.3 各地形地貌湖泊水质现状差异性分析 ··························· 166
- 3.1.4 各地形地貌湖泊富营养化现状差异性分析 ···················· 168

3.2 湖泊区域水文气象特征差异 ··· 169
- 3.2.1 我国湖泊水文情势及变化趋势 ··································· 169
- 3.2.2 各温度带湖泊水质及富营养化现状 ····························· 170

3.3 湖盆形态差异性 ·· 177
- 3.3.1 湖盆形态分布特征 ··· 177
- 3.3.2 湖盆形态与营养状态的关系 ······································· 179

第4章 中国湖泊富营养化主要自然地理驱动因素 ············ 182
4.1 自然地理特征与湖泊富营养化的关系 ··························· 186
4.2 气候与湖泊营养状态的关系 ·· 189
4.3 湖泊富营养化自然地理驱动因素区域差异性 ················ 191

第5章 中国湖泊区域社会经济差异——以云贵高原为例 ······ 198
5.1 土地利用类型对湖泊富营养化的影响 ··························· 198
5.2 人口密度对湖泊富营养化的影响 ··································· 204
5.3 GDP对湖泊富营养化的影响 ··· 207

第6章 中国湖泊富营养化效应及趋势 ································· 213
6.1 浮游藻类对营养物质磷生态效应的区域差异性 ············ 213
6.2 浮游藻类对营养物质氮生态效应的区域差异性 ············ 215
6.3 藻类生物量对水体透明度影响的区域差异性 ················ 217
6.4 我国不同湖区典型湖泊微囊藻毒素分布特征 ················ 219
- 6.4.1 典型湖泊微囊藻毒素研究概况 ··································· 219
- 6.4.2 样品的采集 ·· 221
- 6.4.3 分析方法 ··· 223
- 6.4.4 不同湖区典型湖泊 MCs 分布特征 ······························ 224
- 6.4.5 不同湖区典型湖泊 MCs 与环境因子的多元回归分析 ····· 227

参考文献 ·· 230

第1章 中国湖泊总体概况

我国湖泊数量众多,类型多样,分布广泛,资源丰富。据统计,全国共有面积大于 1.0 km² 的天然湖泊 2759 个,总面积达 91 019.63 km²。就面积而言,以特大型湖泊(>1000.0 km²)、大型湖泊(500.0~1000.0 km²)和中型湖泊(100.0~500.0 km²)为主体。从个数而论,则是以小型湖泊(<100 km²)占绝对优势。青海湖、鄱阳湖、洞庭湖、太湖等面积在 1000.0 km² 以上的特大型湖泊,加上面积在 500.0~1000.0 km² 的巢湖、鄂陵湖、羊卓雍错等大型湖泊,仅占全国湖泊总数量的 1.1%,而面积却占了湖泊总面积的 50.5%。而面积在 100 km² 以下的小型湖泊,虽然为数众多,占全国湖泊总数量的 91%,但合计面积仅占全国湖泊总面积的 25.1%(王苏民和窦鸿身,1998)。

根据中国科学院的最新调查统计结果,近三十年来,全国新生面积在 1.0 km² 以上的湖泊为 61 个(表 1-1),主要位于冰川末梢、山间洼地、河谷湿地;新发现面积在 1.0 km² 以上的湖泊为 131 个(表 1-2)。更值得关注的是,有 243 个面积在 1.0 km² 以上的湖泊消失(其中自然干涸的湖泊约占 40%),其中,10.0 km² 以下的湖泊 147 个,10.0~100.0 km² 的湖泊 48 个,100.0~500.0 km² 的湖泊 4 个(新疆的曲曲克苏湖、青格力克湖、加依多拜湖和乌尊布拉克湖),1000.0 km² 以上的湖泊 1 个(新疆的罗布泊,原面积 5500.0 km²),《中国湖泊志》和《中国湖泊名称代码》

表 1-1 中国近三十年来新生湖泊统计

省(自治区、直辖市)	湖泊面积/km²			数量合计	面积合计/km²
	>100	10~100	1~10		
西藏自治区	—	3	19	22	112.8
青海省	—	2	6	8	89.8
内蒙古自治区	1	3	18	22	311.2
新疆维吾尔自治区	—	1	4	5	29.4
四川省	—	—	1	1	3.8
甘肃省	—	1	—	1	10.5
吉林省	—	—	1	1	1.1
数量合计	1	10	49	60	—
面积合计/km²	174.3	254.3	130.1	—	558.6

资料来源:http://www.lake.ac.cn/topics_con_1417.html

表 1-2　中国近三十年来新发现湖泊统计

省（自治区、直辖市）	湖泊面积/km²		数量合计	面积合计/km²
	>10	1~10		
西藏自治区	1	66	67	161.9
青海省	—	6	6	9.8
内蒙古自治区	5	26	31	188.1
新疆维吾尔自治区	—	1	1	1.5
黑龙江省	2	13	15	49
河南省	1	—	1	11.7
云南省		4	4	16.9
四川省		2	2	5.3
宁夏回族自治区	1	1	2	18
吉林省	—	2	2	4.8
数量合计	10	121	131	—
面积合计/km²	133.7	333.3	—	467

资料来源：http://www.lake.ac.cn/topics_con_1417.html.

均未有面积记录的 43 个。在这消失的 243 个湖泊中，因围垦而消失的湖泊为 101 个，约占消失湖泊总量的 42.0%，均分布在东部平原湖区（安徽省 10 个、河北省 8 个、湖北省 55 个、湖南省 9 个、江苏省 8 个、江西省 8 个、上海市 1 个、浙江省 2 个）。

目前，中国境内（包括香港特别行政区、澳门特别行政区和台湾省）共有 1.0 km² 以上的自然湖泊 2693 个，总面积 81 414.6 km²，约占全国国土面积的 0.9%，分布在除海南、福建、广西、重庆、香港和澳门外的 28 个省（自治区、直辖市），具体见表 1-3。拥有湖泊数量最多的 3 个省份是西藏自治区、内蒙古自治区和黑龙江省，分别为 833 个、395 个和 243 个，约占全国湖泊总数量的 30.9%、14.7% 和 9.0%。拥有湖泊面积最大的 3 个省份是西藏自治区、青海省和江苏省，分别为 28 616.9 km²、13 214.9 km² 和 6372.8 km²，约占全国湖泊总面积的 35.1%、16.2% 和 7.8%（表 1-3）。

表 1-3　中国境内面积大于 1 km² 的湖泊数量和面积统计

省（自治区、直辖市）	湖泊面积/km²						数量合计	面积合计/km²
	>1000	500~1000	100~500	50~100	10~50	1~10		
西藏自治区	2	5	50	57	185	534	833	28 616.9
青海省	1	5	18	13	53	132	222	13 214.9
内蒙古自治区	1	1	6	3	31	353	395	6 151.2
新疆维吾尔自治区	1	3	7	5	24	68	108	6 236.4

续表

省(自治区、直辖市)	湖泊面积/km²						数量合计	面积合计/km²
	>1000	500~1000	100~500	50~100	10~50	1~10		
宁夏回族自治区					2	3	5	38.7
甘肃省					2	1	3	49.1
陕西省					1	1	2	44.2
山西省				1			1	70.3
云南省			3	2	6	20	31	1 115.2
贵州省						1	1	24.3
四川省					1	32	33	100.7
黑龙江省	1		3	4	35	200	243	3 241.3
吉林省			2	1	18	160	181	1 402.8
辽宁省				1			1	55.6
北京市						1	1	2
上海市				1		1	2	60.6
天津市					2	1	3	66.4
河南省						1	1	11.7
河北省					3	6	19	146.7
江西省	1		1	3	9	41	55	3 882.7
安徽省		1	9	4	16	74	104	3 426.1
湖南省	1			2	14	100	117	3 355
湖北省			4	2	39	143	188	2 527.2
山东省		1	1			7	9	1 105.8
江苏省	2	1	5	2	12	77	99	6 372.8
浙江省					1	31	32	80.2
广东省						1	1	5.5
台湾省						3	3	10.3
数量合计	10	17	109	101	456	903	2 693	—
面积合计/km²	22 711.8	11 807.6	22 989.4	7 243.6	10 297.8	6 364.4	—	81 414.6

资料来源：http://www.lake.ac.cn/topics_con_1417.html.

1.1 中国湖泊富营养化发展趋势及控制阶段划分

1.1.1 湖泊富营养化发展趋势

1. 自然发展期

我国的许多湖泊都承担着饮用、灌溉、航运、渔业和旅游等多种功能。在水质较好的时期,湖泊对国民经济和社会发展都起到了至关重要的作用。随着水质的恶化,东部平原湖区的一些湖泊早在20世纪50年代就开始出现富营养化现象。50年代初,巢湖的部分水域就曾出现过"水华"迹象,而武汉东湖也处于富营养化初期阶段。这表明从20世纪50年代起,随着人类活动强度逐步增大,对湖泊水环境的影响加强,部分湖泊开始出现富营养化现象。在东部平原湖区的浅水湖泊,常常有大型水生植物发育。在洪水期间,持续一定时间的高水位导致水生植物的消亡。洪水携带的悬浮物在没有水生植物的湖泊中受风浪作用大量悬浮,并携带大量的营养物质到上覆水中,导致湖泊逐步趋于富营养化。在这段时期,由于我国的经济尚不发达,发展速度较慢,湖泊富营养化通常都可视为在自然状态下发生的。在自然条件下,湖泊的富营养化需要几千年甚至更长的时间才能完成,而人类活动可以使湖泊在较短的时间内完成富营养化过程。调查显示,20世纪70年代,中国34个重点湖泊中富营养化的湖泊仅占评价面积的5%。在这个时期,中国的湖泊受人为活动的扰动较小,基本上属于富营养化的自然发展期。

2. 快速发展期

20世纪80年代以来,由于湖泊流域经济的快速发展,营养物输入的大量增加,我国湖泊环境问题,尤其是富营养化问题越来越严重。1984年全国调查的34个湖泊中,富营养化的占26.5%,1988年达到61.5%,而1996年的26个国控湖泊(水库)中,总体处于富营养化的湖泊比例高达85%。其中我国东部湖泊全部处于富营养化状态。20世纪80年代初到90年代中期,因受有机污染影响,太湖水质的类别下降了一个等级,在这一阶段,太湖近60%湖体为中营养,近40%为中富营养,只有2.7%达富营养,偶有大规模水华暴发。

至20世纪90年代末21世纪初,我国湖泊富营养氧化形势已十分严峻,富营养化湖泊个数占被调查湖泊的比例已上升到77%。2000年以后,太湖水体已是V类至劣V类为主,水华占到总面积的三分之一。截止到2009年,26个国控重点湖泊(水库)中,处于富营养化状态的湖泊共有11个,占42.3%,其中重度富营养化的1个,占3.8%,中度富营养化的2个,占7.7%,轻度富营养化的8个,占30.8%,其余均为中营养。

这一时期集中体现了高强度的人类活动对湖泊水质和富营养化的影响,湖泊氮磷和耗氧性有机污染物含量逐年上升,水质约每十年下降一个级别。20世纪80年代初开始,部分湖泊富营养化演变迅速,仅用了20年左右的时间,湖体营养状态就普遍上升了一个营养级别,我国湖泊富营养化进入了快速发展的时期。

3. 水华频发期

伴随着湖泊富营养化程度的加剧,水华开始频繁发生。20世纪70年代以后,巢湖"水华"频繁暴发。1987年夏季,合肥市第四水厂就因藻类影响而被迫停产。到了80年代末期,富营养化程度不断加重,全湖均为富营养化状态。到了90年代,富营养化加剧,蓝藻滋生,巢湖成为全国富营养化最严重的淡水湖泊之一。太湖自20世纪80年代以来就开始了频繁的蓝藻暴发,并具有突然暴发和周期性的特征,严重时蓝藻暴发的面积可达湖泊面积的50%以上。2007年4月、5月,太湖大规模暴发藻类水华,无锡市饮用水源地受到污染,造成自1990年以来又一次严重的供水安全事件的发生。滇池自20世纪80年代初期就进入了富营养化阶段,1998年和1999年连续两年蓝藻大暴发。"水华"的频发,对湖泊的供水、农灌等许多功能产生了重大的不良影响。

1.1.2 富营养化控制阶段划分

1. 开发利用与管理阶段

20世纪80年代以前,在长江中下游的湖泊中,除一些城市湖泊外,湖泊水质普遍较好。湖泊承担着城市供水、工农业生产用水、调蓄防洪、旅游航运、水产养殖等多种功能,是城市生产和发展的基础,对社会经济发展起着至关重要的作用。为加大对湖泊水资源和水质的保护与管理力度,湖泊管理机构和各类保护条例也纷纷出台。过去20多年间,太湖流域经济保持了高速发展,城市现代化、农村城镇化、城乡一体化的进程很快,流域社会经济的快速发展,对水质和水量的要求也进一步提高。为加强对太湖流域水资源开发的利用和管理,1984年,国务院批准成立了太湖流域管理局。

1954年,巢湖湖区最早的管理机构巢湖区成立,主要负责组织渔业生产的互助与合作。由于效果不明显,巢湖区撤销后,1971年,巢湖市和六安市联合成立巢湖湖泊管理处,对巢湖进行统一管理,主要负责制订生产计划,保护和利用水产资源。1972年8月颁发了《巢湖湖泊管理条例》(试行草案),确定了管理制度、管理费、税收制度及对水域的环境保护。1979年,在湖泊管理处的基础上,由相关的航运、水产、环保、公安等部门与沿湖县市的一些部门成立了安徽省巢湖管理委员会,主要针对巢湖湖区进行综合管理。

1988年,昆明市出台了《滇池保护条例》,明确了昆明市滇池保护委员会是滇池流域综合治理的组织领导机构,负责滇池保护治理重大问题的研究和决策。昆明市滇池保护委员会办公室(昆明市滇池管理局)在昆明市滇池委员会的领导下,统一协调和组织实施有关滇池保护和治理的具体工作。

2. 保护与综合治理阶段

自"七五"起,中国就全面开展了富营养化湖泊的研究和治理工作,重点针对富营养化严重的大型浅水湖泊,开展了一系列的整治措施,主要包括城市生活、工业点源控制、生态修复和农业面源控制。"九五"期间,湖泊富营养化成为国家的重点治理对象,"三湖"(巢湖、太湖和滇池)被列入我国首批流域治理重点项目,国家投入大量的人力、物力和财力对太湖、滇池和巢湖开展了重点整治,湖泊治理首次列入国家级流域水污染防治规划。

1998年,国务院批准了《太湖水污染防治"九五"计划及2010年规划》,规划投资129.5亿元,实际完成100亿元,治理重点是城镇污染治理和工业企业废水达标排放。"十五"期间,围绕《太湖水污染防治"十五"计划》,江苏省就投入80多亿元,重点监控工业企业污水排放达标率为97%。

昆明市1997年编制的《滇池流域水污染防治"九五"计划及2010年规划》(以下简称《计划》)于1998年得到国务院的批准。截至2002年年底,《计划》涉及的城市污水处理、工业污染源治理、面源污染治理、内污染源治理、水资源调配五大工程措施均已完成。"十五"时期,滇池流域全面开展了城市污染源控制,严控工业污染源,并开展面源污染防治、建设生态修复示范工程等项目。

1994年,安徽省政府颁布了《关于加强我省淮河、巢湖流域水污染防治工作的决定》,采取了"一控双达标",关闭"十五小"等措施。在"九五"和"十五"期间,巢湖的污染治理转为降低巢湖水体的污染物水平。2002年,国务院批复了《巢湖流域水污染防治"十五"计划实施意见》,计划投资近49亿元,建设水污染防治计划项目49个,对巢湖实行水质目标管理,重视前端控制和清洁生产,并加强了农业面源治理。

3. 规划防治阶段

"十一五"时期,随着对湖泊富营养化认识的进一步加深,中国的湖泊富营养化防治进入到了一个全新的阶段。

一是继续加强重点湖泊富营养化的规划与综合防治。"十一五"期间,国家分别制订了《滇池水污染防治规划(2006—2010年)》、《巢湖水污染防治规划(2006—2010年)》,还制订了《太湖流域水环境综合治理总体方案》,共投资1278亿元用于"三湖"的工业污染治理、污水处理厂建设和区域综合治理。在"十一五"期间,"三湖"流域的化肥、农药施用量逐年下降2%以上,全流域禁止网箱养殖和投饵养殖。同时,开展建设生态潮间带和前置库、生态屏障、湿地保护和恢复、水生植物种植等工程。从部分湖泊水质常年的统计资料分析,我国的部分重点湖泊水质恶化趋势得到了初步的遏制,恶化趋势进一步减缓。

二是部分水质较好或富营养化不是十分严重的湖泊开始全面规划湖泊富营养化的预防工作。玉溪市于2008年编制了《抚仙湖流域水环境保护与水污染防治规划》;2010年,内蒙古自治区巴彦淖尔市水务局也开始编制《乌梁素海水污染防治规划》，云南大理州政府编制了《大理洱海中长期水污染防治规划》，以期对水质较好的湖泊水体和早期富营养湖泊进行保护和采取预防措施。

三是中国湖泊富营养化防治思路与策略的转变。"十一五"时期，我国学者也提出了湖泊富营养化的防治应以流域为基本单元，构建以水生态分区为基础的湖泊富营养化防控体系。

1.2 中国湖泊营养物质现状

1.2.1 湖泊营养物质氮磷的空间分布特征

由于目前我国尚缺乏针对湖泊富营养化的水质评价标准，通常采用《地表水环境质量标准》(GB 3838—2002)对我国湖泊水质状况进行评价。通过对我国不同区域145个湖泊营养物质总氮(TN)和总磷(TP)浓度分级评价，就所调查湖泊中TN、TP浓度的总体情况而言，TN浓度处于Ⅲ类、Ⅳ类和Ⅴ类(包括劣Ⅴ类)的湖泊分别占所调查湖泊总数的23.7%、18.7%和38.1%；TP浓度处于Ⅲ类、Ⅳ类和Ⅴ类(包括劣Ⅴ类)的湖泊分别占所调查湖泊总数的21.8%、23.2%和33.1%。TN或TP处于Ⅴ类和劣Ⅴ类的湖泊总数最多，说明我国湖泊富营养化形势严峻，制定湖泊营养物基准和富营养化控制标准以有效调控湖泊富营养化迫在眉睫。就不同湖泊区域内TN和TP的分布情况而言，东北平原-山地、蒙新高原和华北平原，TN和TP的浓度均为Ⅲ～Ⅴ类(包括劣Ⅴ类)(除兴凯湖的TN)，西藏自治区TN浓度处于Ⅱ类水平、TP浓度处于Ⅱ～Ⅲ类。

营养物质TN和TP的浓度，随地理位置的变化呈现一定的规律性，在80°E～125°E，营养物质TN和TP的浓度随经度的升高而升高(图1-1)，位于125°E～135°E的湖泊营养物质浓度较位于117°E～125°E的低，可能是由于125°E～135°E为东北平原-山地湖区所在区域，此区域的年平均气温较华北平原和长江中下游平原(117°E～125°E)所在区域低，人类活动对湖泊水体的干扰程度相对较低。

营养物质TN和TP的浓度随海拔的升高而降低，位于500～2000 m海拔范围的湖泊例外(图1-2)，这个区域内有受人为干扰比较严重的滇池、长桥海、乌梁素海等，导致这一海拔范围内的湖泊营养物质浓度及离散程度较100～500 m海拔范围内的湖泊高。

对我国湖泊营养物质TN和TP浓度与三项地理位置指标(经度、纬度和海拔)的相关性(Spearman相关系数)进行分析的结果显示(表1-4)，我国湖泊TN和TP浓度与经度、纬度均呈显著正相关，即TN和TP浓度随经度和纬度的升高而升高；TN和TP浓度与海拔均呈显著负相关，即TN和TP浓度随海拔的升高而降低。

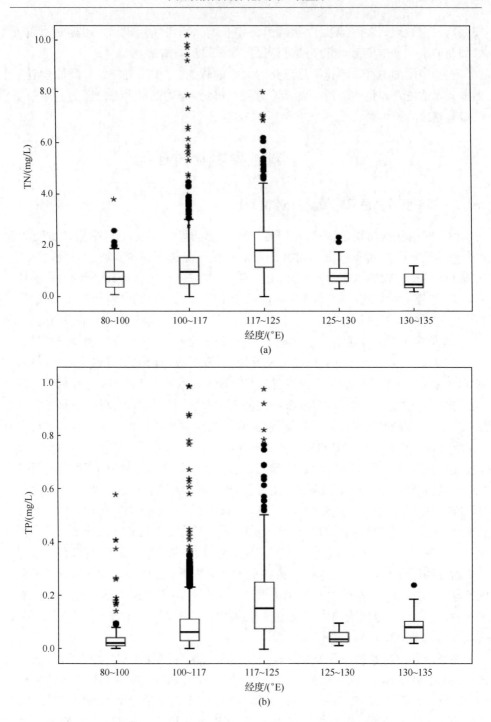

图 1-1 不同经度范围营养物质 TN(a)和 TP(b)的箱线图

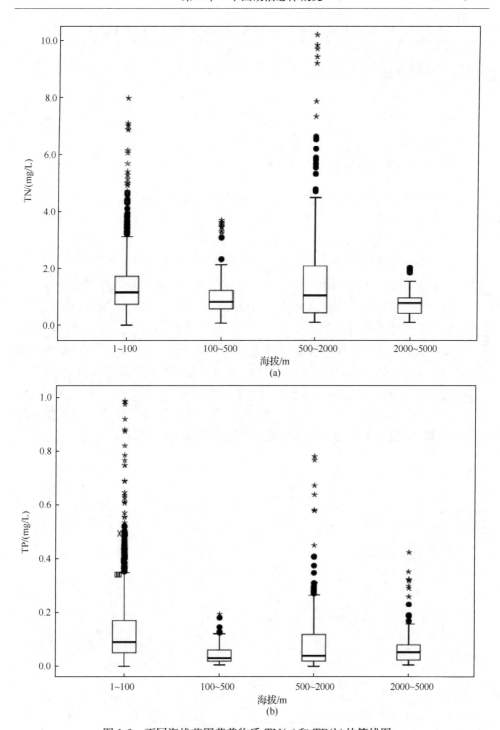

图 1-2 不同海拔范围营养物质 TN(a)和 TP(b)的箱线图

表 1-4 湖泊地理位置与 TN 浓度或 TP 浓度的 Spearman 相关系数

指标	经度		纬度		海拔	
	相关系数	Sig.(双侧)	相关系数	Sig.(双侧)	相关系数	Sig.(双侧)
TN 浓度	0.380**	0.000	0.220**	0.009	−0.315**	0.000
TP 浓度	0.465**	0.000	0.315**	0.000	−0.455**	0.000

注：TN 浓度样点数为 139 个；TP 浓度样点数为 142 个；
　　** 表示置信度(双侧)为 0.01 时显著相关。

尽管相关性分析的结果显示 TN 和 TP 浓度与纬度显著正相关，但纬度对 TN 和 TP 浓度变化的解释度分别为 3.0% 和 3.7%[图 1-3(a)和(b)]。结果表明，虽然 TN 和 TP 浓度与纬度显著正相关，但纬度对营养盐浓度的影响较小。经度对 TN 和 TP 浓度变化的解释度分别为 10.5% 和 12.5%[图 1-4(a)和(b)]。由图 1-3 和图 1-4 可以看出，对我国湖泊水体 TN 和 TP 浓度的影响经度大于纬度。这与我国经济发展和人口区域分布特征有关，低经度地区的湖泊主要分布在青藏高原地区和新疆地区，那里海拔较高，人类生存环境相对恶劣，湖泊受干扰较轻；湖泊较深，对营养物质输入的缓冲能力较大，富营养化较难发生。而高经度地区，地势平坦、适合人类的开发活动，湖泊受干扰严重，湖泊过量接纳营养物质，富营养化较易发生，因此，营养物质随经度的升高有升高的趋势。海拔对 TN 和 TP 浓度变化的解释度分别为 11.4% 和 16.6%[图 1-5(a)和(b)]，且 TN 浓度和 TP 浓度随海拔的升高而降低，这主要是由于高海拔地区人类活动较少，入湖污染物较少。

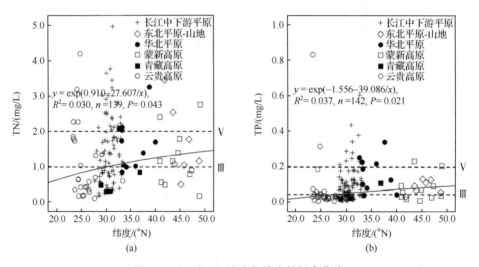

图 1-3 TN 和 TP 浓度与纬度的拟合曲线

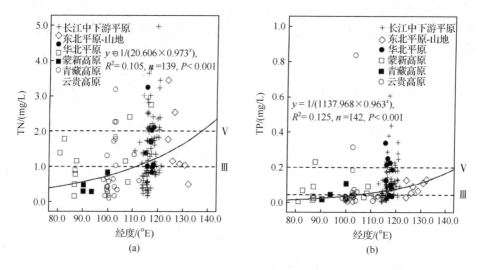

图 1-4 TN 和 TP 浓度与经度的拟合曲线

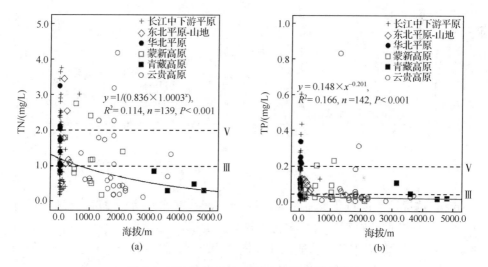

图 1-5 TN 浓度和 TP 浓度与海拔的拟合曲线

1.2.2 湖泊浮游植物生物量的空间分布特征

在 80°E~125°E,浮游植物生物量叶绿素 a(Chla)浓度随经度的升高而升高(图 1-6),位于 125°E~135°E 的湖泊 Chla 浓度较位于 117°E~125°E 的低,可能是由于 125°E~135°E 为东北平原-山地湖区所在区域,该区域内湖泊中营养物质 TN 和 TP 的浓度较华北平原和长江中下游平原(117°E~125°E)所在区域低

[图 1-1(a)和(b)],加上此区域的年平均气温较华北平原和长江中下游平原所在区域低,浮游植物的生长缓慢且生物量较低。人类活动对湖泊水体的干扰程度相对较低。

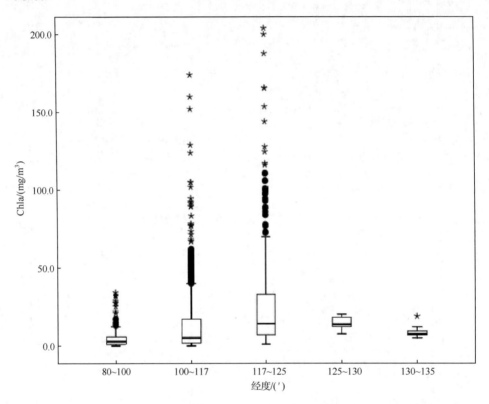

图 1-6　不同经度范围 Chla 浓度的箱线图

　　Chla 浓度随海拔的升高而降低,但位于 500～2000 m 海拔范围的湖泊例外(图 1-7)。这个区域内有受人为干扰比较严重的滇池、长桥海、乌梁素海等,导致这一海拔范围内的湖泊营养物质浓度及离散程度较 100～500m 海拔范围内的湖泊高,从而导致湖泊中浮游植物生物量 Chla 浓度较高。

　　浮游植物生物量(Chla 浓度)与湖泊地理位置指标的相关性(Spearman 相关系数)分析结果如表 1-5 所示。从表 1-5 可以看出,Chla 浓度与湖泊所处的经度呈显著正相关,与纬度和海拔呈显著负相关,Chla 浓度与三项地理位置指标的拟合曲线显示[图 1-8(a)、(b)和(c)],经度对 Chla 浓度变化的解释度大于纬度和海拔,纬度、海拔与 Chla 浓度分别呈幂函数关系,而经度与 Chla 浓度呈指数函数关系。

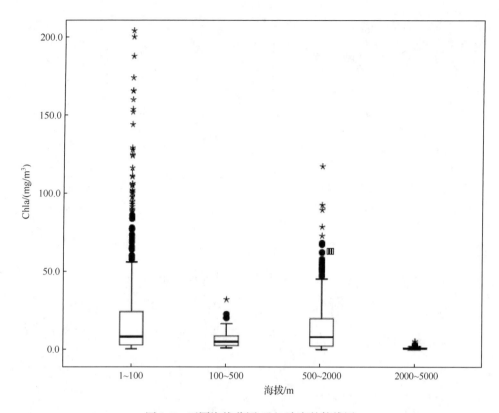

图 1-7　不同海拔范围 Chla 浓度的箱线图

表 1-5　Chla 浓度与湖泊地理位置的 Spearman 相关系数

指标	经度		纬度		海拔	
	相关系数	Sig.（双侧）	相关系数	Sig.（双侧）	相关系数	Sig.（双侧）
Chla 浓度	0.237*	0.014	−0.201*	0.038	−0.266*	0.006

注：*表示在置信度（双侧）为 0.05 时，相关性是显著的。

1.2.3　湖泊营养物质氮磷及浮游植物生物量的统计学特征

我国湖泊分布广泛、水体物理、化学和生物特性存在明显的区域差异性，导致不同湖泊区域营养物质浓度及形态特征存在显著差异。为了探明我国不同湖泊区域水体中营养物质 TN、TP 及浮游植物生物量 Chla 的统计学特征，利用现有的历史数据和 2009～2011 年的现场监测数据，分析我国不同湖泊区域 TN、TP 及 Chla 的统计变量以及频率分布情况。由图 1-9 至图 1-11 及表 1-6 至表 1-8 可知，华北平原 TN 和 TP 浓度的均值及离散程度均较长江中下游平原高，但其 Chla 浓度的均值及离散程度却较长江中下游平原低，说明长江中下游平原浮游植物对营养物

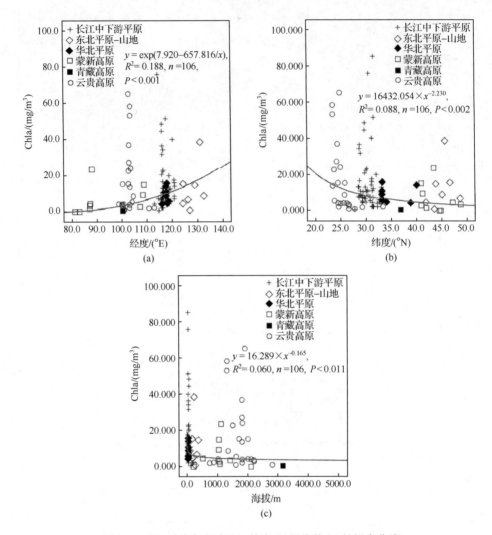

图 1-8 Chla 浓度与经度(a)、纬度(b)及海拔(c)的拟合曲线

质的利用效率明显高于华北平原。东北平原-山地 TN、TP 及 Chla 浓度的均值均较华北平原和长江中下游平原低。这样的结果说明，相同地形地貌条件下，不同湖泊区域浮游植物对营养物质的响应程度存在较大的差异。同样，蒙新高原 TN 和 TP 浓度的均值均较云贵高原高，但其 Chla 浓度的均值却较云贵高原低，同样说明，位于同一地形地貌阶梯的两个湖泊区域浮游植物对营养物质的响应程度具有较大的差异。此结果为营养物一级生态分区提供了重要的数据支持。

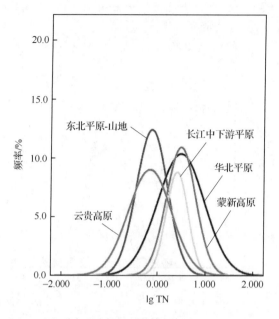

图 1-9 不同湖区 TN 的频率分布曲线

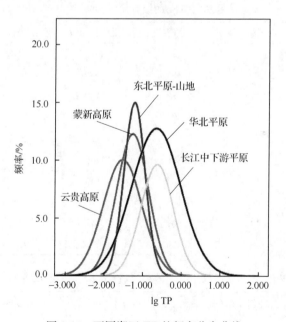

图 1-10 不同湖区 TP 的频率分布曲线

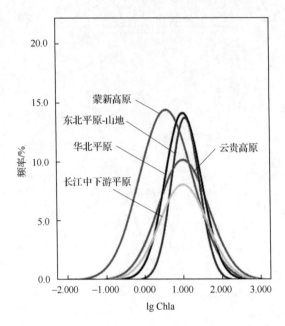

图 1-11 不同湖区 Chla 的频率分布图

表 1-6 不同湖区总氮(TN)的统计量(2008~2011 年 6~9 月)

项目	长江中下游平原	华北平原	东北平原-山地	云贵高原	蒙新高原
样本数	396	142	116	712	184
平均值/(mg/L)	2.809	4.835	0.986	1.196	3.721
中位数/(mg/L)	2.310	2.568	0.710	0.600	2.975
最大值/(mg/L)	9.800	13.500	3.690	1.196	13.000
最小值/(mg/L)	0.563	0.206	0.199	0.057	0.485
标准偏差	1.565	3.956	0.873	2.102	2.429
标准误差	0.079	0.332	0.081	0.079	0.179
25%四分位数	1.789	6.175	0.800	0.318	2.115
75%四分位数	3.800	10.600	1.420	1.513	5.683
四分位差/(mg/L)	2.011	4.425	0.620	1.195	3.568

表 1-7 不同湖区总磷(TP)的统计量(2008~2011 年 6~9 月)

项目	长江中下游平原	华北平原	东北平原-山地	云贵高原	蒙新高原
样本数	481	107	116	684	186
平均值/(mg/L)	0.372	0.894	0.072	0.067	0.072
中位数/(mg/L)	0.210	0.307	0.068	0.026	0.044

续表

项目	长江中下游平原	华北平原	东北平原-山地	云贵高原	蒙新高原
最大值/(mg/L)	3.855	9.780	0.600	1.214	0.581
最小值/(mg/L)	0.012	0.010	0.010	0.010	0.010
标准偏差	0.482	3.255	0.042	0.127	0.091
标准误差	0.022	0.315	0.004	0.005	0.007
25%四分位数	0.130	0.228	0.020	0.013	0.010
75%四分位数	0.481	0.550	0.070	0.045	0.090
四分位差/(mg/L)	0.351	0.322	0.050	0.032	0.080

表 1-8　不同湖区叶绿素 a(Chla)的统计量(2008～2011 年 6～9 月)

项目	长江中下游平原	华北平原	东北平原-山地	云贵高原	蒙新高原
样本数	483	87	67	491	155
平均值/(mg/m³)	25.299	20.103	15.788	23.091	8.558
中位数/(mg/m³)	12.000	8.690	12.337	14.313	3.927
最大值/(mg/m³)	461.000	254.000	43.690	736.560	106.140
最小值/(mg/m³)	0.390	0.520	0.002	0.140	0.003
标准偏差	41.394	32.068	12.690	32.524	10.915
标准误差	1.884	3.438	1.550	1.471	0.877
25%四分位数	3.179	5.440	0.100	3.210	1.009
75%四分位数	32.113	21.400	2.759	25.605	11.175
四分位差/(mg/m³)	28.934	15.960	2.659	22.395	10.166

1.3　中国湖泊富营养化现状

对我国不同区域 145 个湖泊 2002～2011 年的营养状态进行了评价(图 1-12)。由图 1-12 可知,处于贫营养状态的湖泊数量占调查总数的 5.7%,其中包括新疆的喀纳斯湖和赛里木湖,云南的泸沽湖、品甸海和抚仙湖;处于中营养的湖泊数量占调查总数的 50.6%;处于轻度富营养的湖泊数量占调查总数的 28.7%;处于中度富营养的湖泊数量占调查总数的 13.8%;处于重度富营养的湖泊数量占调查总数的 1.2%,富营养化和中营养湖泊达到 94.3%。

湖泊营养状态指数(TLI)与湖泊的地理位置指标的相关性(Spearman 相关系数)分析结果如表 1-9 所示。从表 1-9 可以看出,TLI 与经度显著正相关,即 TLI 随经度的升高而升高;与海拔显著负相关,即随海拔的升高,TLI 降低;而与纬度相

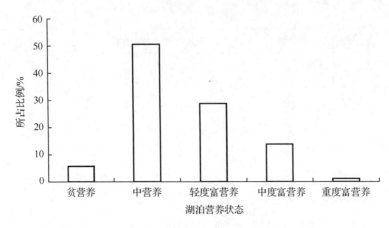

图 1-12 我国湖泊营养状态统计

关性较弱。TLI 与经度和海拔的拟合曲线显示[图 1-13(a)和(b)], TLI 与经度呈幂函数关系,经度对 TLI 变化的解释度为 18.3%;海拔对 TLI 变化的解释度为 17.9%。

表 1-9 TLI 与湖泊地理位置指标的 Spearman 相关系数

指标	经度		纬度		海拔	
	相关系数	Sig.(双侧)	相关系数	Sig.(双侧)	相关系数	Sig.(双侧)
TLI	0.337**	0.003	0.060	0.606	−0.251*	0.030

注:** 表示在置信度(双侧)为 0.01 时,相关性是显著的;

* 表示在置信度(双侧)为 0.05 时,相关性是显著的。

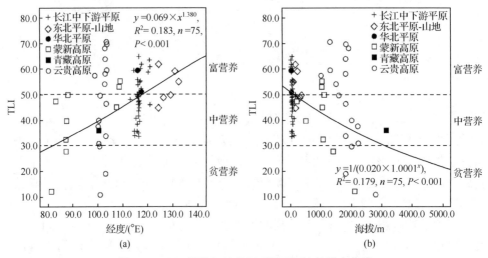

图 1-13 TLI 指数与经度(a)及海拔(b)的拟合曲线

第 2 章　典型湖区及重点湖泊概况

2.1　苏北湖泊群水环境现状及变化趋势

2.1.1　苏北湖泊群概况

该湖区属北亚热带与南温带的过渡气候，课题组调查的苏北湖泊群共有 10 个湖泊，分别为骆马湖、洪泽湖、天岗湖、白马湖、宝应湖、高邮湖、邵伯湖、玄武湖、石臼湖和固城湖(图 2-1)。骆马湖是江苏省四大湖泊之一，属于人工大型平原水库型湖泊，水面面积 375 km^2。通过京杭大运河，上接山东南四湖，下接江苏洪泽湖。入流骆马的河流主要有新沂河(源于山东沂蒙山区)、总沭河(源于山东北沂山)及中运河三大流域性河流及老沂河、浪青河、新墨河等 40 余条中小型河流或支流。洪泽湖位于江苏省西北部，面积为 2069 km^2，最大深度为 4.75 m，容积为 26.6×10^8 m^3。跨洪泽、淮阴、泗阳、泗洪和盱眙五县(区)，发育在淮河中游的冲积平原上，原是泄水不畅的洼地，是中国的第四大淡水湖泊，西承淮河，东通黄海，南往长江，北连沂河湖区。天岗湖位于宿迁市南部的泗洪县，临近两省三县，两省是江苏省和安徽省，三县则是江苏的泗洪县、安徽的五河县和泗县。天岗湖面烟波浩渺，湖岸芦苇丛生。白马湖地区位于洪泽湖下游，水面面积 108 km^2，主要通湖河道有草泽河、浔河、花河、新河等，现有的排水出路有淮安抽水站、北运西闸、白马湖穿运洞和阮桥闸。白马湖跨金湖、洪泽、宝应和淮安四县市。湖盆浅碟形，人工湖岸，岸线规则，湖底平坦，淤泥深厚。宝应湖南连高邮湖，西接金湖县，北会白马湖，水面面积约 140 km^2。高邮湖分属两省四县(市)，跨安徽省天长市和江苏省高邮市、宝应县、金湖县，主湖区属江苏省，是江苏省第三大淡水湖，全湖总面积约 775 km^2。邵伯湖位于高邮市的西南部，与江都、邗江二县(市)交界，水面面积 164.97 km^2。石臼湖是南京市溧水县、高淳县和安徽省当涂县三县间的界湖，水面面积 196 km^2。南京市玄武湖属于天然小型浅水湖泊，位于南京市老城区东北部，水面面积 3.72 km^2。固城湖位于高淳县，现面积约 30 km^2。在湖泊水环境调查过程中，根据湖泊功能与面积大小，洪泽湖设置 9 个采样点，固城湖设置 4 个采样点，高邮湖、玄武湖与石臼湖各设置 3 个采样点，白马湖与骆马湖各设置 2 个采样点，邵伯湖、宝应湖与天岗湖各设置 1 个采样点。各湖泊的地理位置如表 2-1 所示。

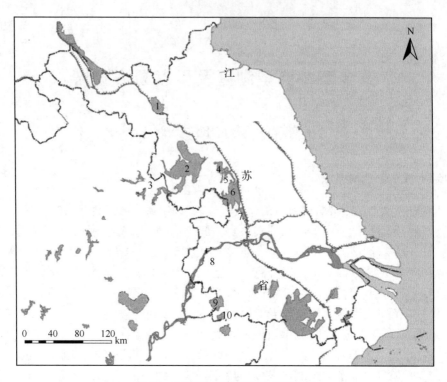

图 2-1　江苏省北部湖泊分布示意图

1. 骆马湖；2. 洪泽湖；3. 天岗湖；4. 白马湖；5. 宝应湖；6. 高邮湖；7. 邵伯湖；8. 玄武湖；
9. 石臼湖；10. 固城湖

图片来源：国家测绘地理信息局，审图号：GS(2008)1382 号

表 2-1　江苏北部湖泊概况

序号	名称	省市(县)	地理位置
1	骆马湖	江苏宿迁	118°04′E~118°18′E,34°00′N
2	洪泽湖	江苏	118°10′E~118°52′E,33°06′N
3	天岗湖	江苏泗洪	117°53′E,33°13′N
4	白马湖	江苏淮安、扬州	119°03′E~119°11′E,33°09′N
5	宝应湖	江苏宝应	120°48′E~120°52′E,31°10′N
6	高邮湖	江苏高邮	119°06′E~119°25′E,32°42′N
7	邵伯湖	江苏江都	119°23′E~119°30′E,32°30′N
8	玄武湖	江苏南京	118°48′E,32°4′N
9	石臼湖	江苏高淳、溧水	118°46′E~118°56′E,31°23′N
10	固城湖	江苏高淳	118°53′E~118°57′E,31°14′N

2.1.2 苏北湖泊群水环境变化趋势

21世纪以来,随着人们环保意识的提高和治理力度的加大,江苏省部分湖泊水体污染趋势在一定程度上得到遏制。例如,骆马湖的TN浓度从1996年的2.29 mg/L下降到2010年的1.10 mg/L,玄武湖的TP浓度由1997年的0.380 mg/L(图2-2)下降到2010年的0.160 mg/L。然而,近年来大部分西部湖泊仍然面临污染加重的问题。洪泽湖的TN浓度从2003年的1.48 mg/L(图2-2)上升至2009年的2.03 mg/L,邵伯湖的TN浓度从2007年的1.03 mg/L上升至2010年的1.35 mg/L,高邮湖的TN浓度由2007年的0.530 mg/L升至2010年的0.940 mg/L,石臼湖的TN浓度由1996年的0.62 mg/L上升至2010年的1.61 mg/L,固城湖的TN浓度由2003年的1.03 mg/L上升至2010年的1.74 mg/L;高邮湖TP由2007年的0.060 mg/L上升至2010年的0.093 mg/L,

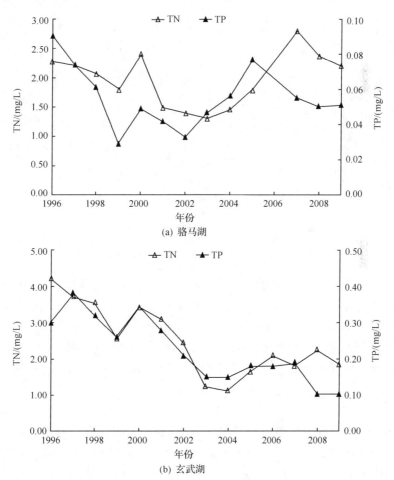

(a) 骆马湖

(b) 玄武湖

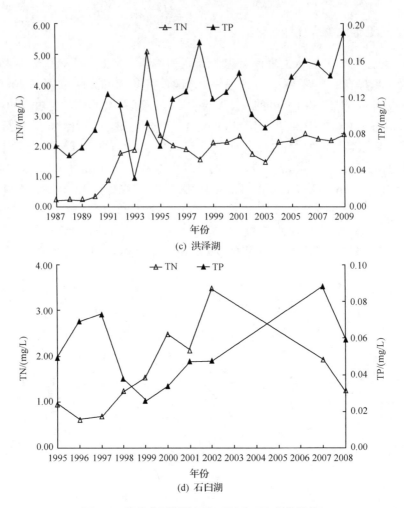

图 2-2 苏北若干湖泊历年 TN 和 TP 变化趋势

邵伯湖的 TP 浓度由 2008 年的 0.140 mg/L 上升至 2010 年的 0.260 mg/L,骆马湖的 TP 浓度由 1999 年的 0.030 mg/L 上升至 2010 年的 0.083 mg/L,石臼湖的 TP 浓度由 1998 年的 0.037 mg/L 上升至 2010 年的 0.077 mg/L(王苏民和窦鸿身,1998;张利民等,2011;魏文志等,2010;范成新等,2005)。因此,大部分西部湖泊的营养盐浓度还在不断上升,水环境改善任重道远。

2.1.3 2010 年苏北湖泊群水质状况

以湖泊不同采样点的算术平均值代表该湖泊的水质状况,与 6 月相比,同年 10 月江苏大部分湖泊 TN 均有不同程度的下降,只有天岗湖与玄武湖 TN 有所上升,白马湖与骆马湖 TN 基本稳定;大部分湖泊 TP 有所下降,邵伯湖与洪泽湖 TP

有所上升,白马湖 TP 基本稳定(图 2-3)。因此,10 月份大部分西部湖泊水质好于 6 月份。由图 2-3 可以看出,与其他湖泊相比,洪泽湖 NO_3^--N 占 TN 比例较高,可能原因为洪泽湖风浪较大,硝化作用较为强烈,从而造成 NO_3^--N 含量较高;而邵伯湖 DTP 与 TDP 一直保持较高的浓度。

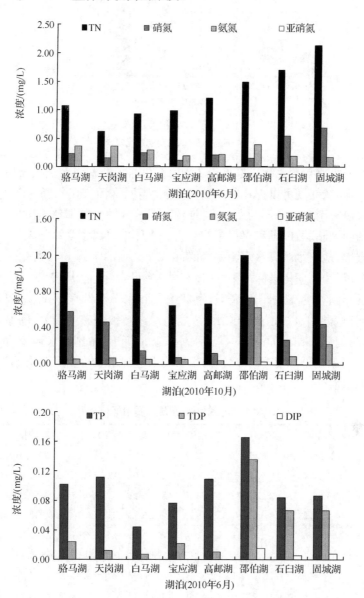

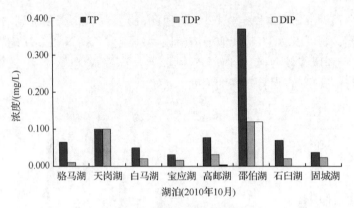

图 2-3　2010 年 6 月与 10 月苏北湖泊群水体中各形态 N、P 浓度
TDP：总溶解态磷；DIP：溶解态无机磷

西部湖泊水质常规理化指标见表 2-2 和表 2-3，根据湖泊水文状况和与水力停留时间相关性，从盐度可以把江苏湖泊分为三类：同淮河直接相通的邵伯湖、高邮湖、宝应湖、白马湖和洪泽湖为一类；与淮河相对分隔的骆马湖和天岗湖为一类；与长江相通的固城湖、石臼湖和玄武湖为一类。水体中总离子含量与来水水质有关，也与当地土壤、地下水和湖水水力停留时间有关。湖泊水体 pH、氧化还原电位和溶解氧（DO）等其他理化指标与采样时间、风力等因素有关，从表 2-2 还可以发现，邵伯湖与洪泽湖浊度高，透明度低，这种状况导致水下光补偿不足，不利于沉水植物生长。同时，湖泊水体浊度和 Chla 浓度与水生植被的密度有关，固城湖水生植被密度高，浊度低，Chla 浓度低。基于水环境质量标准，各湖泊水环境质量现状见表 2-4，除白马湖以外，9 个西部湖泊的水质均未达到水质功能所要求的类别，洪泽湖与邵伯湖水质处于劣Ⅴ类。

表 2-2　2010 年苏北湖泊群常规水质指标（淮河流域）

指标		骆马湖	洪泽湖	天岗湖	白马湖	宝应湖	高邮湖	邵伯湖
盐度	6 月	0.26±0.01	0.26±0.02	0.34±0.02	0.24±0.00	0.24±0.01	0.19±0.03	0.20±0.01
/(g/L)	10 月	0.45±0.03	0.20±0.01	0.27±0.01	0.22±0.01	0.24±0.00	0.21±0.01	0.23±0.01
浊度	6 月	2.4±0.12	31.2±10.87	7.4±0.37	0.55±0.21	2.3±0.67	19.23±0.35	32.5±0.36
/NTU	10 月	14.9±1.63	57.0±9.93	18.1±0.91	6.4±0.13	3.2±0.16	21.8±13.09	105.5±5.23
DO	6 月	11.57±0.58	7.91±0.70	10.45±0.52	7.72±0.88	8.84±0.44	7.97±0.82	6.87±0.34
/(mg/L)	10 月	9.10±0.14	9.37±0.048	8.95±0.45	4.76±0.76	9.94±0.50	9.89±0.45	7.69±0.38
Chla	6 月	3.30±0.17	6.28±3.34	15.60±0.78	5.15±0.07	13.30±0.67	6.33±0.35	7.20±0.36
/(μg/L)	10 月	5.55±0.64	5.38±1.34	16.10±0.81	6.40±0.12	12.65±0.63	8.87±3.79	5.10±0.26
pH	6 月	8.83±0.04	8.39±0.18	8.76±0.04	7.88±0.27	8.42±0.04	8.73±0.28	8.52±0.04
	10 月	8.30±0.04	8.25±0.10	7.96±0.04	7.40±0.23	8.20±0.04	8.50±0.21	7.72±0.04

表 2-3　2010 年苏北湖泊群常规水质指标（长江流域）

指标		玄武湖	石臼湖	固城湖
盐度/(g/L)	6月	0.13±0.01	0.10±0.00	0.12±0.00
	10月	0.14±0.00	0.11±0.00	0.11±0.01
浊度/NTU	6月	14.87±10.11	0.75±0.07	2.23±0.41
	10月	16.4±2.10	26.3±5.45	8.4±4.12
DO/(mg/L)	6月	12.74±1.30	9.73±0.16	10.30±0.19
	10月	10.35±0.13	11.31±0.55	9.71±0.41
Chla/(μg/L)	6月	32.40±10.11	4.65±3.33	2.88±0.49
	10月	7.03±0.57	19.80±3.11	6.10±1.22
pH	6月	9.15±0.21	9.09±0.00	9.65±0.10
	10月	8.05±0.37	7.79±0.50	7.95±0.16

表 2-4　2010 年苏北湖泊群水质现状

湖泊	所在流域	水质功能类别	水质现状	主要污染指标
骆马湖	淮河流域	Ⅲ	Ⅳ	TN
洪泽湖	淮河流域	Ⅲ	劣Ⅴ	TN
天岗湖	淮河流域	Ⅱ	Ⅳ	TP
白马湖	淮河流域	Ⅲ	Ⅲ	—
宝应湖	淮河流域	Ⅱ	Ⅲ	TN 和 TP
高邮湖	淮河流域	Ⅱ	Ⅳ	TP
邵伯湖	淮河流域	Ⅱ	劣Ⅴ	TP
玄武湖	长江流域	Ⅳ	Ⅴ	TN 和 TP
石臼湖	长江流域	Ⅲ	Ⅳ	TN 和 TP
固城湖	长江流域	Ⅱ	Ⅳ	TN

根据调查结果，采用综合营养状态指数法得到苏北湖泊群各湖泊的富营养化程度。由图 2-4 可见，苏北湖泊群的营养程度主要有三类：中营养（30～50）、轻度富营养（50～60）和中度富营养（60～70）。苏北湖泊群大部分湖泊处于富营养化状态，营养程度最低的是白马湖（45.16），处于中营养状态，营养程度最高的是玄武湖（61.93），处于中度富营养状态。其中骆马湖、白马湖与固城湖水质状态较好，处于中营养状态。

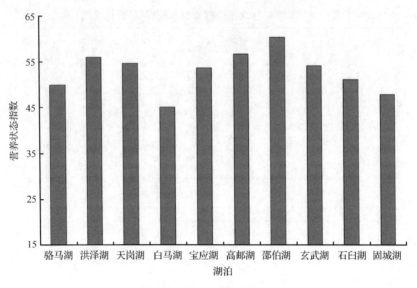

图 2-4　2010 年苏北湖泊群营养状态指数

2.1.4　2011 年苏北湖泊群水质状况

图 2-5 显示了 2011 年苏北湖泊群不同形态氮、磷的状况,从图中可以看出,骆马湖与高邮湖在 10 月份 TN 含量与其他月份相比明显增加,洪泽湖与邵伯湖 TN 含量一直处于较高的状态,5 月份大部分湖泊 TN 含量与其他月份相比均较低。邵伯湖 TP 含量一直处于较高的含量,草型湖泊骆马湖、白马湖、宝应湖、高邮湖与固城湖 TP 含量较低,说明水草对湖泊水质净化具有一定的作用。从表 2-5 和表 2-6 中也可以看出,几个草型湖泊的浊度也相对较低。洪泽湖与邵伯湖硝态氮一直处于较高的含量,而骆马湖在 10 月份硝氮含量上升明显。而草型湖泊硝态氮含量则一直较低,可能原因为草型湖泊中水草降低了风浪作用,因此与洪泽湖及邵

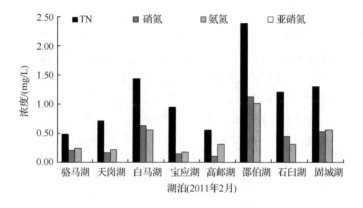

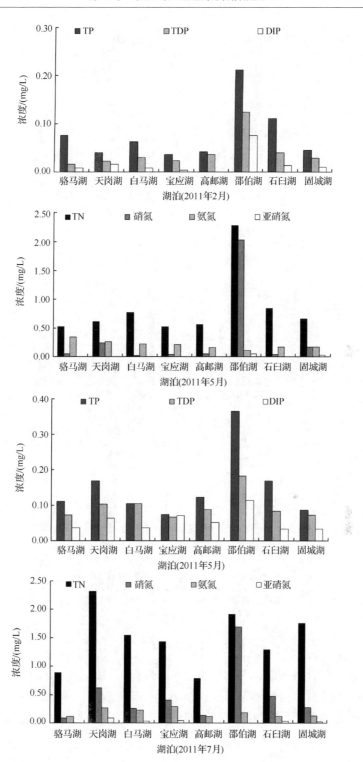

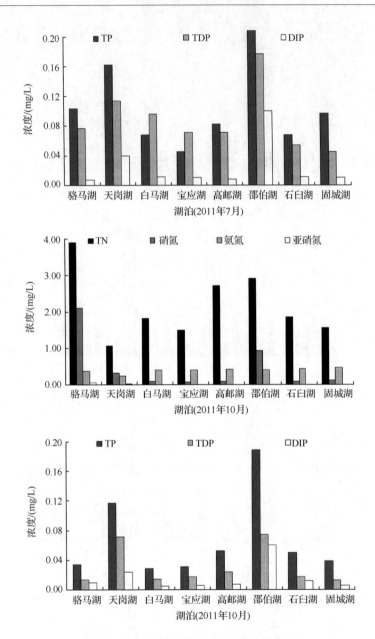

图 2-5　2011 年苏北湖泊群各形态 N、P 浓度

伯湖相比硝态氮含量较低。大部分湖泊在 2 月和 10 月氨氮含量相对较高,原因可能为在 5 月和 7 月水生植物与浮游植物降低了氨氮含量。与淮河流域湖泊相比,长江流域湖泊的 DTP 含量相对较低,邵伯湖 DIP 含量一直处于较高的含量。

表 2-5　2011 年苏北湖泊群常规指标(淮河流域)

指标		骆马湖	洪泽湖	天岗湖	白马湖	宝应湖	高邮湖	邵伯湖
盐度 /(g/L)	2月	0.42±0.02	0.29±0.01	0.25±0.01	0.25±0.01	0.20±0.01	0.20±0.00	0.18±0.01
	5月	0.38±0.02	0.34±0.01	0.28±0.01	0.23±0.00	0.19±0.01	0.21±0.03	0.18±0.01
	7月	0.38±0.00	0.26±0.05	0.23±0.01	0.21±0.01	0.24±0.01	0.18±0.01	0.16±0.01
	10月	0.28±0.01	0.25±0.03	0.25±0.01	0.22±0.01	0.24±0.01	0.21±0.00	0.21±0.01
浊度 /NTU	2月	48.90±2.45	30.08±13.19	0.50±0.03	0.00±0.00	0.00±0.00	2.10±0.14	47.20±2.36
	5月	14.20±0.71	64.69±13.53	5.10±0.26	1.10±0.14	0.70±0.04	27.13±20.59	45.80±2.29
	7月	13.10±0.14	48.94±20.36	6.80±0.34	0.20±0.17	1.10±0.06	29.77±36.01	102.70±5.14
	10月	—	48.14±15.19	4.13±0.20	1.80±2.54	3.40±0.17	21.47±14.99	140.50±7.03
DO /(mg/L)	2月	11.32±0.57	13.89±0.53	16.36±0.82	14.97±0.75	15.68±0.78	17.17±0.59	11.57±0.58
	5月	9.59±0.48	8.85±0.18	8.50±0.43	8.35±0.12	8.24±0.41	8.95±1.35	8.08±0.40
	7月	9.50±0.47	7.23±0.94	11.27±0.56	10.31±1.33	8.22±0.41	9.33±0.19	5.29±0.26
	10月	9.92±0.50	8.86±2.94	12.04±0.60	10.13±1.40	9.47±0.47	9.87±0.65	8.73±0.44
Chla /(μg/L)	2月	0.00±0.00	13.99±7.49	7.80±0.39	5.70±0.29	0.50±0.03	1.00±0.57	2.10±0.11
	5月	1.50±0.08	3.28±1.03	14.70±0.74	4.65±2.62	3.10±0.16	7.03±5.40	—
	7月	39.00±0.85	38.15±4.13	49.00±2.45	45.30±1.15	45.00±2.25	56.90±14.94	109.80±5.49
	10月	1.60±0.08	5.13±0.85	23.83±1.19	6.37±0.97	7.60±0.38	6.83±1.40	5.80±0.29
pH	2月	7.73±0.04	8.53±0.13	8.14±0.04	8.09±0.40	8.90±0.04	8.61±0.10	6.85±0.03
	5月	9.53±0.05	8.37±0.22	8.50±0.04	8.81±0.07	9.64±0.05	8.77±0.65	7.36±0.37
	7月	8.69±0.09	8.55±0.21	8.92±0.45	8.44±0.22	7.56±0.38	8.61±0.11	6.87±0.34
	10月	7.67±0.38	7.68±0.16	8.52±0.39	7.22±0.13	7.27±0.36	7.05±0.49	6.14±0.31

表 2-6　2011 年苏北湖泊群常规指标(长江流域)

指标		玄武湖	石白湖	固城湖
盐度/(g/L)	2月	0.16±0.05	0.23±0.01	0.15±0.01
	5月	0.14±0.01	0.20±0.01	0.14±0.01
	7月	0.11±0.00	0.10±0.01	0.10±0.00
	10月	0.16±0.00	0.15±0.01	0.12±0.01
浊度/NTU	2月	2.10±1.13	123.47±158.53	1.73±3.19
	5月	11.13±3.27	42.70±2.14	7.88±4.63
	7月	9.03±0.47	3.10±0.26	8.30±1.74
	10月	13.50±0.87	31.57±9.77	7.08±1.19

续表

指标		玄武湖	石臼湖	固城湖
DO/(mg/L)	2月	11.35±0.25	10.71±0.49	12.60±0.67
	5月	10.98±0.43	9.58±0.48	11.59±2.10
	7月	8.97±0.47	8.43±0.56	9.75±0.22
	10月	9.32±0.19	10.79±0.62	9.59±0.56
Chla/(μg/L)	2月	2.77±0.90	2.77±1.59	0.38±0.39
	5月	6.23±1.45	1.90±0.10	13.03±7.14
	7月	9.57±0.21	30.60±2.13	31.08±0.33
	10月	14.37±4.63	15.93±7.94	10.53±1.08
pH	2月	6.96±0.41	6.95±0.61	8.00±0.16
	5月	8.91±0.27	7.29±0.36	8.74±0.49
	7月	8.01±0.40	8.71±0.20	9.21±0.14
	10月	7.29±0.05	7.75±0.10	7.64±0.06

2011年苏北湖泊群水质现状见表2-7,与2010年各湖泊的水质现状相比,洪泽湖水质有所好转,由劣V类转为V类,而白马湖与宝应湖水质有所降低,均由Ⅲ转为Ⅳ类水,玄武湖由V类水变为劣V类。其他湖泊水质均没有变化,邵伯湖一直处于劣V类。

表2-7 2011年苏北湖泊群水质现状

湖泊	所在流域	水质功能类别	水质现状	主要污染指标
骆马湖	淮河流域	Ⅲ	Ⅳ	TN
洪泽湖	淮河流域	Ⅲ	V	TN
天岗湖	淮河流域	Ⅱ	V	TP
白马湖	淮河流域	Ⅲ	Ⅳ	TN
宝应湖	淮河流域	Ⅱ	Ⅳ	TN
高邮湖	淮河流域	Ⅱ	Ⅳ	TP
邵伯湖	淮河流域	Ⅱ	劣V	TN 和 TP
玄武湖	长江流域	Ⅳ	劣V	TN 和 TP
石臼湖	长江流域	Ⅲ	Ⅳ	TP
固城湖	长江流域	Ⅱ	Ⅳ	TN 和 TP

图2-6显示了2011年苏北湖泊群的营养状态指数,大部分湖泊仍然处于富营养化状态,营养程度最低的是白马湖(50.98),处于轻度富营养状态,营养程度最高的是邵伯湖(64.39),处于中度富营养状态。与2010年相比,苏北湖泊群已全部处

于富营养状态,且除高邮湖与玄武湖外营养状态指数均由不同程度的增加。其中变化指数变化最大的是白马湖与固城湖,均由中营养状态变为轻度富营养状态。

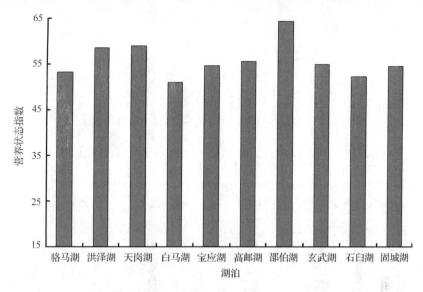

图 2-6 2011 年苏北湖泊群的营养状态指数

2.1.5 2012 年苏北湖泊群水质状况

图 2-7 显示了 2012 年 2 月苏北湖泊群不同形态氮磷的浓度水平。骆马湖自 2011 年水质变差以来,一直未有所好转,TN 仍然处于劣Ⅴ类水平。与 2011 年相比,天岗湖、玄武湖与固城湖水质有所好转,骆马湖、洪泽湖与高邮湖水质有所恶化。从表 2-8 和表 2-9 可以看出,骆马湖浊度较低,从现场监测结果来看,骆马湖 2

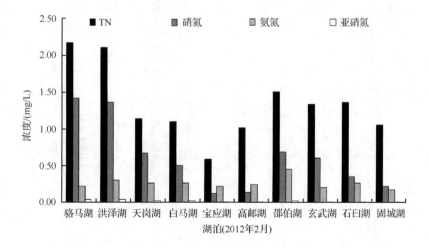

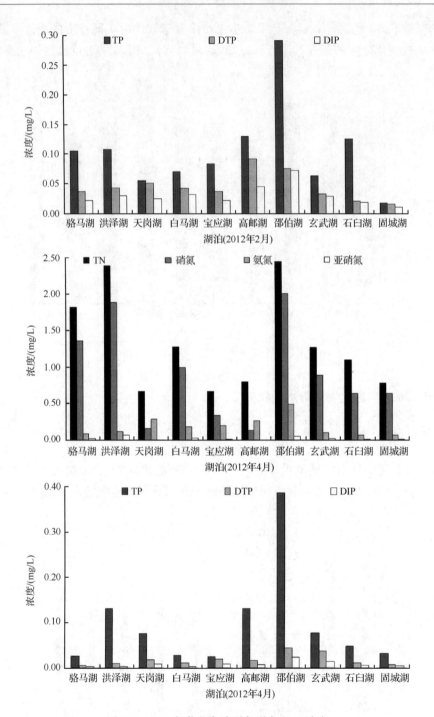

图 2-7 2012 年苏北湖泊群各形态 N、P 浓度

月份透明度达到 2.82 m,但从氮磷监测的结果来看,骆马湖 TN 含量明显较高,可能是由于 2011 年以来,骆马湖周边的旅游开发等原因导致湖水中氮磷含量上升。两个草型湖泊白马湖与固城湖透明度仍然较高,2 月份达到 1.42 m 与 1.43 m,4 月份透明度分别为 1.59 m 与 1.55 m。2012 年 4 月份邵伯湖与洪泽湖 TN 含量有所上升,邵伯湖 TP 含量有所上升。从表 2-10 中可以看出,与 2011 年相比,骆马湖、洪泽湖与高邮湖水质有所下降,其中骆马湖水质变化较大,由Ⅳ类水恶化为劣Ⅴ水。天岗湖、玄武湖与固城湖水质在 2012 年 2 月份有所好转。

表 2-8 2012 年 2 月苏北湖泊群常规指标(淮河流域)

指标		骆马湖	洪泽湖	天岗湖	白马湖	宝应湖	高邮湖	邵伯湖
盐度 /(g/L)	2月	0.47±0.00	0.34±0.02	0.23±0.01	0.27±0.01	0.25±0.01	0.19±0.05	0.32±0.02
	4月	0.43±0.01	0.36±0.03	0.30±0.06	0.25±0.01	0.19±0.01	0.19±0.02	0.17±0.02
浊度 /NTU	2月	0.00±0.38	18.98±10.28	1.80±0.09	1.83±0.12	0.50±0.09	157.50±136.36	112.60±5.63
	4月	0.17±5.60	17.69±36.86	4.00±0.05	1.47±0.02	0.3±1.77	41.87±5.40	112±0.35
DO /(mg/L)	2月	15.17±1.20	12.84±0.20	13.24±0.66	12.97±0.53	12.74±0.65	12.99±0.07	12.35±0.62
	4月	15.96±0.47	9.55±1.23	13.40±0.60	13.33±0.68	13.52±0.34	11.21±0.32	9.38±2.12
Chla /(μg/L)	2月	0.83±0.64	14.20±7.65	5.20±0.16	5.10±0.78	2.80±0.26	18.03±14.07	9.80±0.49
	4月	0.9±0.36	9.14±11.91	11.7±0.60	4.63±0.09	1.8±0.80	14.67±3.19	7.1±0.79
pH	2月	7.5±0.22	7.71±0.17	7.91±0.40	7.53±0.07	7.30±0.38	7.26±0.13	7.50±0.04
	4月	8.46±0.38	7.85±0.69	8.45±0.44	8.37±0.44	8.83±0.03	8.67±0.06	7.51±0.14

表 2-9 2012 年 2 月苏北湖泊群常规指标(长江流域)

指标		玄武湖	石白湖	固城湖
盐度/(g/L)	2月	0.19±0.00	0.16±0.01	0.15±0.00
	4月	0.16±0.01	0.12±0.01	0.16±0.01
浊度/NTU	2月	2.67±0.49	130.97±145.24	1.35±0.76
	4月	7.07±4.29	7.37±3.58	2.6±1.67
DO/(mg/L)	2月	12.22±0.35	13.26±0.21	13.42±0.97
	4月	11.6±1.30	10±0.06	9.4±0.38
Chla/(μg/L)	2月	15.87±1.78	18.50±7.15	4.33±2.07
	4月	14.4±4.71	5.37±1.36	0.63±0.48
pH	2月	7.31±0.08	7.35±0.08	7.42±0.35
	4月	7.93±0.17	7.85±0.12	7.79±0.22

表 2-10　2012 年苏北湖泊群水质现状

湖泊	所在流域	水质功能类别	水质现状	主要污染指标
骆马湖	淮河流域	Ⅲ	劣Ⅴ	TN
洪泽湖	淮河流域	Ⅲ	劣Ⅴ	TN
天岗湖	淮河流域	Ⅱ	Ⅳ	TN 和 TP
白马湖	淮河流域	Ⅲ	Ⅳ	TP
宝应湖	淮河流域	Ⅱ	Ⅳ	TP
高邮湖	淮河流域	Ⅱ	Ⅴ	TP
邵伯湖	淮河流域	Ⅱ	劣Ⅴ	TP
玄武湖	长江流域	Ⅳ	Ⅳ	—
石臼湖	长江流域	Ⅲ	Ⅳ	TP
固城湖	长江流域	Ⅱ	Ⅲ	TN

2012 年江苏湖泊营养状态指数见图 2-8。与 2011 年相比,部分湖泊营养状态指数有所降低,由轻度富营养化状态降低为中度营养状态。例如,骆马湖、天岗湖、白马湖与宝应湖,固城湖营养状态指数为 38.69。而邵伯湖营养状态指数虽然有所降低,但仍然处于中度富营养状态,营养状态指数为 60.16。

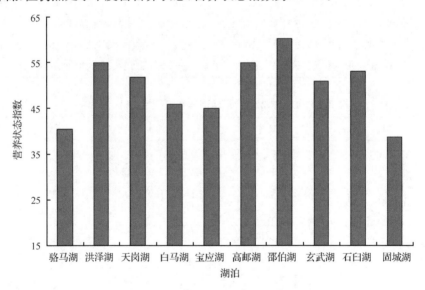

图 2-8　2012 年苏北湖泊群的营养状态指数

2.2　苏南地区湖泊富营养化特征

江苏省苏南地区的湖泊主要位于太湖流域,均以浅水为特征,平均水深通常低于 2.5 m,最大水深一般也在 3 m 以下,个别湖泊最大水深大于 4 m。绝大部分湖泊呈现富营养化趋势,主要表现就是湖泊内 TN、TP 含量过高,藻类生物量高,频繁出现藻华现象,且透明度低。

该地区的主要湖泊包括太湖、滆湖、昆承湖、傀儡湖、元荡、淀山湖、漕湖、澄湖、阳澄湖,其中太湖面积最大(2500 km^2),元荡面积最小(10 km^2),如图 2-9 所示。

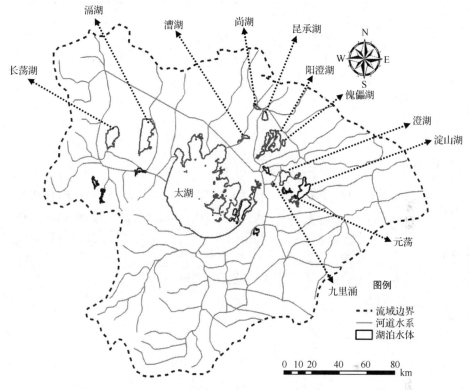

图 2-9 苏南地区(太湖流域)主要湖泊的空间分布图

2.2.1 苏南地区湖泊富营养化基本特征

对各地方环境监测站提供的常规监测数据及 2009~2010 年的现场监测数据进行汇总分析[①]。每个湖的监测点位数量和时间分布有所区别:淀山湖(1990~2009 年,13 个点位),尚湖(1995~2010 年,6 个点位),阳澄湖(1996~2010 年,6 个点位),傀儡湖(2004~2010 年,3 个点位),滆湖(1997~2010 年,4 个点位),元荡(2009 年,1 个点位),澄湖(1991~2010 年,4 个点位),漕湖(2009~2010 年,1 个点位),太湖(2007~2008 年,20 个点位),长荡湖(2001~2009 年,4 个点位)。

---

① 另加入苏北地区的玄武湖数据,以作比较。

各湖泊营养物压力指标 TN 和 TP 与响应指标 Chla 和透明度 SD 的统计学特征见表 2-11。4 个指标的平均值均大于中位数,呈现正偏态分布,其中总磷更接近正态分布。TN 和 TP 的变异系数接近 58%,低于 SD 和 Chla 的变异系数,后者呈现厚重的偏态分布。Chla 的变异系数最大,达到 75%。

表 2-11 苏南地区主要湖泊富营养化指标的统计学特征

统计变量	压力指标		响应指标	
	TN/(mg/L)	TP/(mg/L)	Chla/(μg/L)	SD/cm
第一分位数	1.17	0.058	8.28	25
中位数	1.83	0.091	17.4	40
第三分位数	2.88	0.141	31.43	60
平均值	2.16	0.106	21.19	47
标准差	1.25	0.062	15.89	29.5
变异系数	57.8	58.6	75	62.9

将各湖泊的 TN 和 TP 浓度绘制于同一坐标系中,可以大致辨识出各湖泊所处的富营养化状态,图 2-10 显示了尚湖、傀儡湖处于较低的位置,淀山湖和太湖处于 TN 和 TP 较高的位置,太湖 TN 明显偏高,具有较高的氮磷比,淀山湖的数据点更加发散。将各湖泊按照数据点的空间离散程度从大到小排列:淀山湖、太湖、长荡湖、阳澄湖、滆湖、玄武湖、昆承湖、傀儡湖、尚湖。

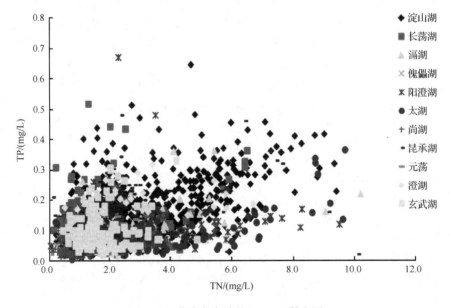

图 2-10 苏南各湖泊的 TN-TP 散点图

综合分析苏南地区湖泊的氮磷比(N/P),近80%的数据落在0<N/P<30的区间内,其中33%左右落在10~20区间内,23%的数据小于10,22%左右落在20~30区间内,如图2-11所示。

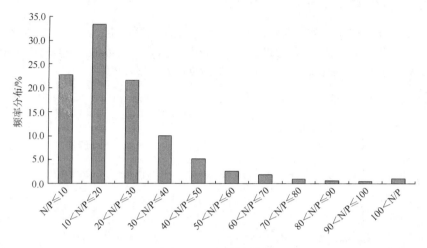

图2-11 苏南地区湖泊的N/P频率分布图

2.2.2 湖泊富营养化状况评价

对各湖泊近3年(2008~2010年)的富营养化状态进行比较(图2-12),尚湖和傀儡湖属于中营养,漕湖、昆承湖、玄武湖、阳澄湖属于轻度富营养,滆湖、长荡湖、澄湖和淀山湖属于中度富营养。

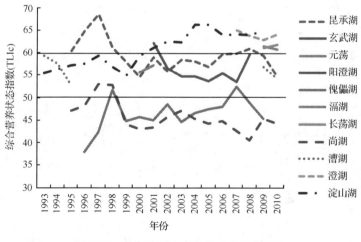

图2-12 各湖泊的综合富营养化状态指数

从各湖泊富营养化的演变过程(1993~2010年)来看,淀山湖的富营养化程度在逐渐加剧,2000年是淀山湖由轻度富营养向中度富营养转化的转折点,目前综合营养状态指数维持在64左右。

2.2.3 湖泊富营养化指标的空间性差异

基于2006~2010年的水质监测数据,采用箱线图方法,比较分析NH_3-N、COD_{Mn}、TN、TP、Chla和透明度等富营养化相关指标在苏南地区各湖泊之间的空间差异性(加入玄武湖),各指标的分析结果如图2-13所示。

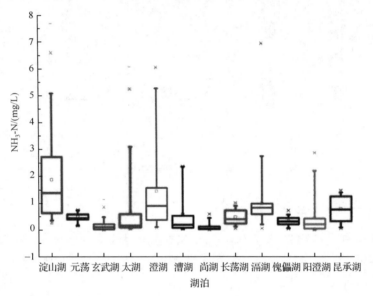

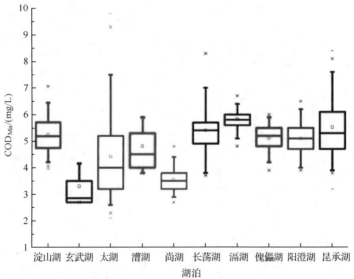

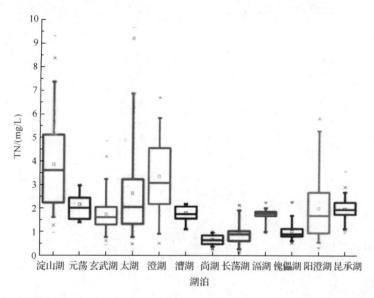

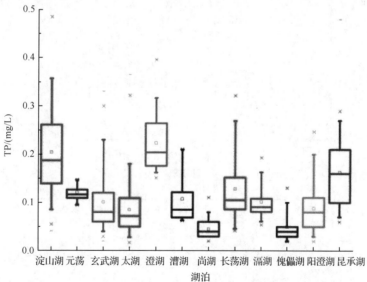

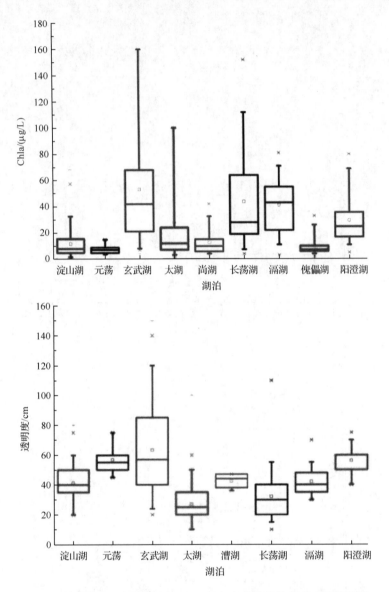

图 2-13　苏南地区各湖泊 2006~2010 年富营养化指标的空间差异性

就 NH_4^+-N 浓度水平而言,湖泊可分成三组:第一组是 NH_4^+-N 浓度平均值或中位数≤0.5mg/L(对应 GB 3838—2002 的Ⅱ类水质),包括元荡、玄武湖、太湖、漕湖、尚湖、长荡湖、傀儡湖和阳澄湖;第二组是 NH_4^+-N 浓度平均值或中位数介于 0.5~1.0 mg/L 之间(对应 GB 3838—2002 的Ⅲ类水质),包括澄湖、滆湖及昆承湖;第三组是 TN 浓度平均值或中位数介于 1.5~2.0 mg/L 之间(对应 GB 3838—2002 的Ⅴ类水质),包括淀山湖。

就 COD_{Mn} 浓度水平而言,湖泊可分成三组:第一组是 COD_{Mn} 浓度平均值或中位数≤4mg/L(对应 GB 3838—2002 的Ⅱ类水质),包括玄武湖和尚湖;第二组是 COD_{Mn} 浓度平均值或中位数介于 4.0～5.0 mg/L 之间,包括太湖和漕湖;第三组是 COD_{Mn} 浓度平均值或中位数介于 5.0～6.0 mg/L 之间,包括长荡湖、傀儡湖、阳澄湖、淀山湖、澄湖、滆湖及昆承湖。

就 TN 的浓度水平而言,湖泊可分成三组:第一组是 TN 浓度平均值或中位数≤1.0mg/L(对应 GB 3838—2002 的Ⅲ类水质),包括尚湖、长荡湖和傀儡湖;第二组是 TN 浓度平均值或中位数介于 1.5～2.0 mg/L 之间(对应 GB 3838—2002 的Ⅴ类水质),包括元荡、玄武湖、漕湖、滆湖、昆承湖及阳澄湖;第三组是 TN 浓度平均值或中位数超过 2.0 mg/L(对应 GB 3838—2002 的劣Ⅴ类水质),包括淀山湖、太湖和澄湖。

就 TP 的浓度水平而言,湖泊可分成四组:第一组是 TP 浓度平均值或中位数≤0.05 mg/L(对应 GB 3838—2002 的Ⅲ类水质),包括尚湖和傀儡湖;第二组是 TP 浓度平均值或中位数介于 0.05～0.10 mg/L 之间(对应 GB 3838—2002 的Ⅳ类水质),包括玄武湖、太湖、漕湖、滆湖及阳澄湖;第三组是 TP 浓度平均值或中位数介于 0.10～0.20 mg/L 之间(对应 GB 3838—2002 的Ⅴ类水质),有元荡、长荡湖和昆承湖;第四组是 TP 浓度平均值或中位数高于 0.20 mg/L(对应 GB 3838—2002 的劣Ⅴ类水质),包括淀山湖和澄湖。

就 Chla 的浓度水平而言,湖泊可分成三组:第一组是 Chla 浓度平均值或中位数在 10～20 μg/L 范围内波动,包括淀山湖、元荡、太湖、尚湖及傀儡湖;第二组是 Chla 浓度平均值或中位数超过 40 μg/L,包括玄武湖、长荡湖、滆湖,其中玄武湖 Chla 平均浓度超过 50 μg/L,且离散程度最大;第三组是 Chla 浓度平均值或中位数介于前两组之间,典型湖泊为阳澄湖。

就透明度而言,湖泊可分成三组:第一组是透明度平均值或中位数在 25～30 cm 范围内波动,包括太湖和长荡湖;第二组是透明度平均值或中位数在 40 cm 上下,包括淀山湖、漕湖和滆湖;第三组是透明度平均值或中位数在 60 cm 上下,典型湖泊有元荡、玄武湖、阳澄湖,其中玄武湖的透明度离散程度最大。

综上所述,玄武湖、淀山湖、澄湖属于重度富营养化湖泊,太湖、漕湖、阳澄湖、滆湖、长荡湖、昆承湖等属于中度富营养化湖泊,尚湖、傀儡湖、元荡属于轻度富营养化湖泊。

2.2.4 苏南地区湖泊富营养化指标的演变趋势

1. 总体演变趋势

通过分析苏南地区主要湖泊 1991～2010 年的水质指标,探讨富营养化特征的总体演变趋势，如图 2-14 所示。

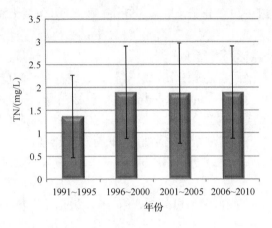

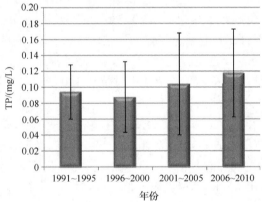

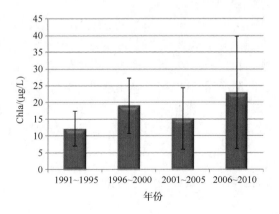

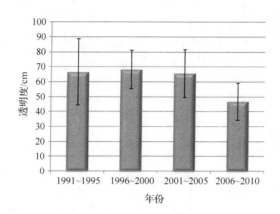

图 2-14　苏南地区主要湖泊的 TN、TP、Chla 及 SD 1991～2010 年的演变规律

苏南地区主要湖泊的 TN 平均浓度在 1991～1995 年约为 1.40 mg/L，1995 年前后出现跳跃式上升，之后的 15 年内维持在 1.90 mg/L 上下。

TP 浓度在近十年出现持续地缓慢上升，从 1996～2000 年的 0.09 mg/L 上升至目前的 0.12 mg/L。

TN 和 TP 的浓度上升可能直接导致湖泊藻类生物量的快速增长，透明度相应下降。近 5 年，苏南地区主要湖泊的 Chla 浓度的平均值和标准差（离散程度）均有明显增加。相应地，平均透明度出现急剧下降，由以往的 65 cm 以上，下降至 45 cm 左右。

2. 典型湖泊的富营养化趋势

苏南地区湖泊的富营养化趋势总体在恶化，但各湖泊之间的富营养化趋势也有明显差异，这与各湖泊的自然特征、水力条件、污染源输入状况、人为管理模式以及功能定位等密切相关。

1) 典型过境湖泊的富营养化趋势

淀山湖是苏南地区典型的过境湖泊，目前存在严重的富营养化问题。近年来（尤其是 2007 年之后），流域污染物削减力度逐渐加大，上游来水水质状况出现明显改善，淀山湖湖内水质恶化趋势得到控制。

1991～2010 年的水质监测数据（图 2-15）显示，1996～2005 年，TN 和 TP 呈逐年上升的趋势，2006～2010 年，TN 和 TP 已经趋于稳定，TN 平均浓度维持在 3.5 mg/L 左右，TP 平均浓度维持在 0.19 mg/L 左右；Chla 浓度出现明显下降，是 2001～2005 年的 50% 左右；但透明度却仍处于继续恶化的状态，"十一五"期间的平均值比"十五"期间下降 10% 以上。

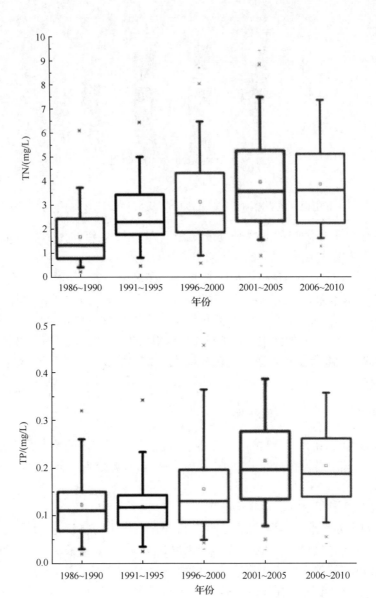

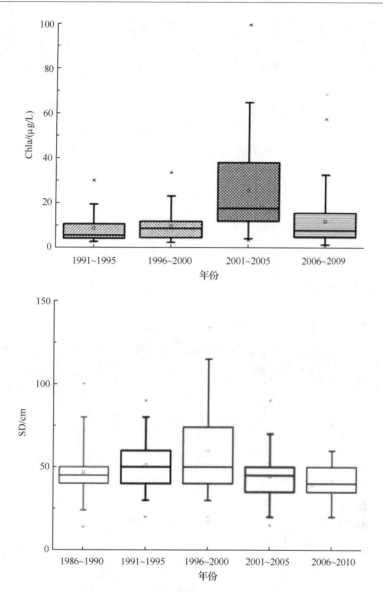

图 2-15 淀山湖富营养化指标的长时间尺度演变

2) 典型通江湖泊的富营养化趋势

位于常熟市的尚湖,20世纪六七十年代在"以粮为纲"和"大办农业"的方针指引下,曾抽干湖水,围湖造田。80年代以来,快速推进退田还湖工程,湖水面积逐渐扩大,但周边的污染排放导致湖水污染严重。为改善尚湖水质,政府为尚湖新建引水口,每月农历初三、十八,利用长江涨潮,水位升高,打开望虞河花庄闸,将长江水引入望虞河,经尚湖闸引入尚湖;每次开闸引水历时3天,引水量约150万 m^3,

实际上尚湖已成为通江湖泊。尚湖是常熟市域内重要饮用水源和风景旅游区,有效水面面积为 12 000 亩[①],蓄水量约 0.2 亿 m^3,现总体水质在 Ⅱ~Ⅲ 类之间(《地表水环境质量标准》)。尚湖取水口(常熟市第二自来水厂取水口)取水量为 7 万 m^3/d,在引入长江水的基础上,进行了底泥疏浚工程。

从 2001~2010 年的水质监测结果来看,TN、TP 浓度出现明显下降,"十一五"期间(2006~2010 年)的 TN 平均浓度比"十五"期间(2001~2005 年)下降近 20%,TP 下降 40% 左右,透明度相应上升近 60%,如图 2-16 所示。

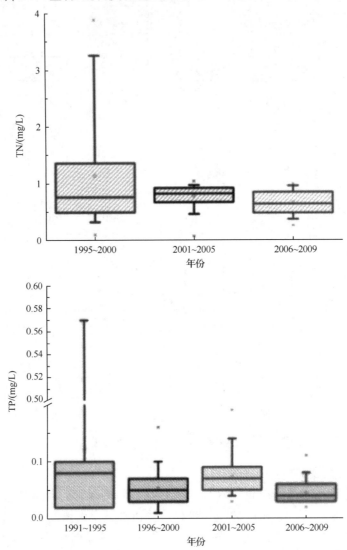

---

① 非法定计量单位,1 亩≈666.7 m^2。

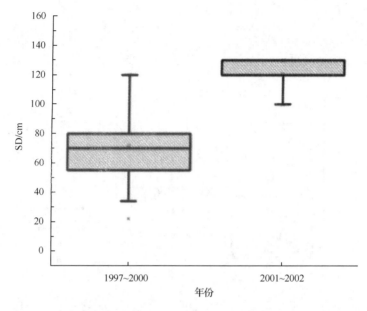

图 2-16　尚湖在通江前后的 TN、TP 及透明度的变化(2000 年起通江)

3) 典型半封闭式水源地(湖泊)的富营养化趋势

傀儡湖作为昆山市区域供水水源,2002 年以来,昆山市政府首次将傀儡湖列为政府重点保护工程,并采用企业化运作机制,由昆山市自来水集团公司和巴城镇共同组建昆山市傀儡湖水源生态保护有限公司,实施傀儡湖保护与生态修复工程,完成了湖区清淤、浚深和退窑、退塘、退网还湖的"三退工程"。当地近百户渔民离湖上岸,70 户保护区里的村民离开世代居住的村落,迁居新所。傀儡湖面积已经从过去的 6400 亩扩大到现在的 10 090 亩。

全湖采取近封闭式管理,沿湖构建了数百米宽的生态湖滨带,设立了数十个藻类观测点,沿岸布置了数十个摄像头监控湖面,确保水源地安全。

经过近十年的生态综合整治,傀儡湖的 TN 和 TP 明显下降,"十一五"期间的 TP 平均浓度比"十五"期间下降 20% 左右,TN 平均浓度也下降 10% 左右,如图 2-17 所示。而富营养化响应指标 Chla 浓度不降反升,2006～2010 年的平均浓度比"十五"期间上升 20% 左右(图 2-17)。这说明营养物的削减并不会快速改善湖泊生态系统,藻类生物量的下降和透明度的上升都明显滞后于污染物的削减。傀儡湖仍需要长期开展生态修复。

4) 已开展综合整治的典型湖泊

长荡湖为江苏十大淡水湖之一,是一个集城市备用水源、农业灌溉、洪涝调节和渔业生产等多种功能于一体的浅水草型湖泊,是当地重要的水源地和水产基地。自 20 世纪 80 年代以来,伴随着常州经济高速发展,长荡湖水体水质呈不断恶

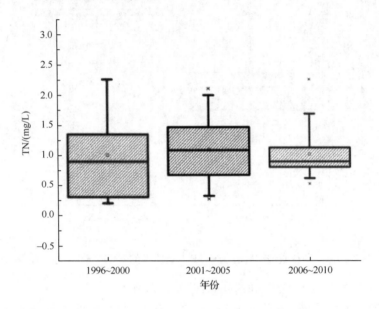

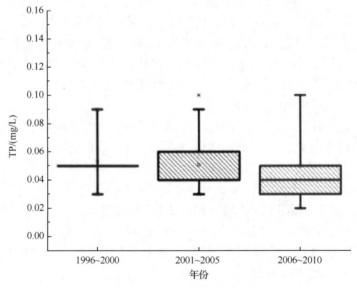

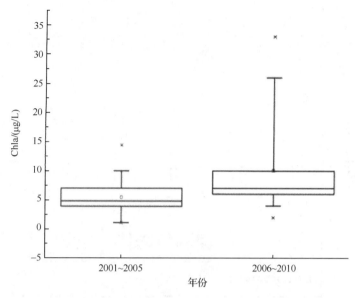

图 2-17 傀儡湖 TN、TP 和 Chla 的变化

化的趋势。沿程受纳乡镇工业废水、生活污水及农业面源污染负荷。近年来,渔业养殖和散落在湖面的渔船饭店也成为重要污染源。

"十一五"期间,当地政府对长荡湖实施了综合整治工程,包括大规模削减网箱养殖面积、将湖面渔船饭店集中到下游指定区域、沿湖截污纳管等,水质监测数据充分反映出综合整治的初步成效,TN 平均浓度比"十五"期间下降了近 60%,TP 平均浓度也下降了近 20%(图 2-18)。

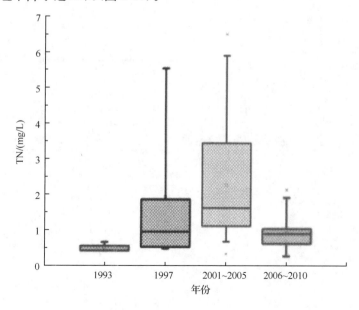

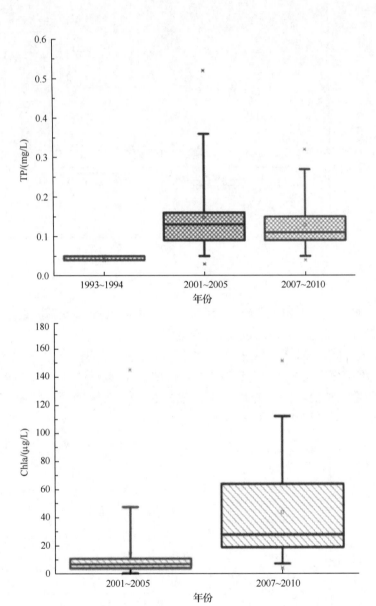

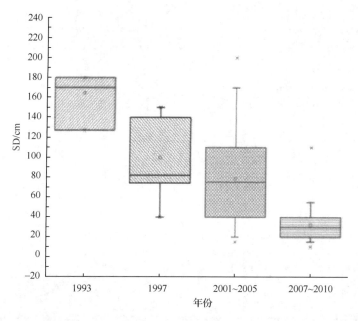

图 2-18　长荡湖综合整治前(2007 年前)后(2007 年后)的富营养化趋势变化

然而,生态系统的恢复总是严重滞后于营养物的削减。近年长荡湖的富营养化响应指标更加恶化,"十一五"期间的 Chla 平均浓度是"十五"期间的数倍,藻华现象时有出现,透明度下降近 50%。这说明长荡湖虽然经过整治,但湖泊生态系统已遭到严重破坏,需要漫长的修复过程。

2.2.5　苏南地区湖泊现状水质数据的拐点分析

借助空间换时间的方法,利用不同湖泊的不同状态来代替同一湖泊的不同时间点状态,将这些湖泊进行一定排序后便相当于同一湖泊在不同时间点的状态,进行系统拐点探测分析。采用 2008～2010 年的水质监测数据,利用拐点分析软件(change-point analyzer)进行富营养化参数拐点分析。

拐点分析结果如图 2-19 所示,15～20 μg/L 和 28～30 μg/L 是苏南地区湖泊 Chla 浓度的两个重要拐点,TN 浓度的拐点为 2.0～2.5 mg/L,氨氮浓度的拐点为 0.4～0.5 mg/L,TP 浓度的拐点为 0.1～0.15 mg/L,透明度的拐点为 50～60 cm。这些拐点对提出苏南地区湖泊富营养化控制标准和生态修复目标具有很好的参考价值。

从氮、磷、Chla 来看,漕湖、玄武湖基本进入藻型湖泊状态。元荡虽然在氮磷水平接近"过渡状态向草型湖泊转化",但 Chla 还处于低水平。

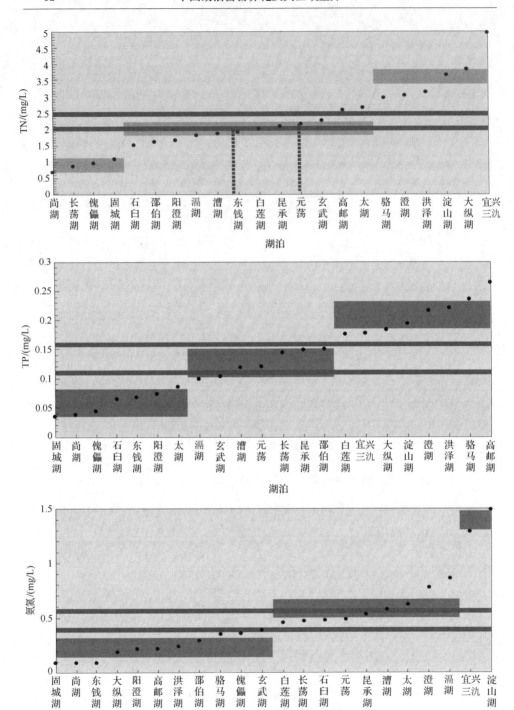

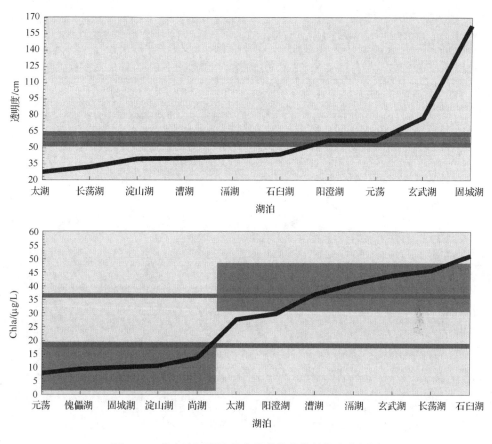

图 2-19　苏南地区湖泊的富营养化参数的拐点分析图

2.2.6　富营养化指标的相关性分析

营养物与藻类之间关系仍是湖泊研究领域的热点,因为营养物不仅影响着藻类生物量的变化,同时也影响着整个湖泊水环境。

基于苏南地区主要湖泊的 1996~2001 年年平均数据,运用传统回归统计分析方法(OLSR)和双变量相关分析法,分析湖泊富营养化主要指标之间的相关关系。结果如图 2-20 所示,Chla 与 SD 之间存在较显著的负相关性,Pearson 相关系数为 0.45($P<0.01$),说明藻类生物量是影响苏南地区湖泊透明度的主要因素。Chla 与 TP、TN、COD_{Mn} 之间均没有较好的相关性。而 TP<0.1 mg/L 时,Chla 与 TP 表现出显著的正相关性,Pearson 相关系数达到 0.773($P<0.01$)。

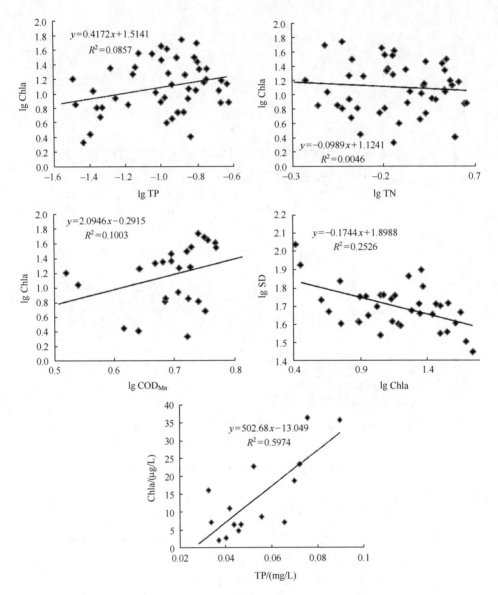

图 2-20 主要富营养化指标的传统回归分析结果

2.2.7 基于分位数回归的湖泊营养物与藻类增长的关系

传统回归统计方法是分析湖泊富营养化指标相关关系的最重要方法之一。传统的线性回归模型描述了因变量 Y 的条件均值分布受自变量 X 的影响过程。如果模型中的随机误差项来自均值为零方差相等的分布,那么回归系数的最小二乘估计是最佳线性无偏估计。

但在实际的湖泊生态系统中,营养物的水平变化往往不服从正态分布,而且藻类暴发往往具有突发性(Chla 浓度可以上升至几十甚至上百微克每升)。例如,水华期间出现的数据峰值或厚尾的分布、存在的显著的异方差等情况,而这些人们尤其关注的情景的数据恰恰不在或不全在均值附近,在太湖流域藻华灾害频发威胁饮用水安全的背景下,人们更关注 Chla 在高分位的变化(对应高浓度),而非平均值,因此常用的最小二乘法回归统计分析失去了它的无偏性和稳健性。

因此,采用分位数回归方法分析了苏南地区各湖泊的营养物压力(TN、TP)与富营养化响应(Chla 和 SD)之间的关系。最小二乘法普通线性回归方程不能估计湖泊不同浓度藻类生物量对营养物压力的响应关系,分位数回归方法克服了这一点。结果表明,苏南地区各湖泊处于不同浓度藻类生物量对营养物浓度压力表现出的响应规律是不同的。

Chla 与 TP 的分位数回归得到不同分位点所对应的参数估计值。传统最小二乘法回归(OLSR)结果与分位数回归在 $\tau=0.5$ 水平下(中位数回归)所得到的回归参数接近,而且决定系数 R 仅为 0.1。这就说明运用传统的多元回归只能得到 Chla 处于平均水平时与 TP 之间的变量关系,而并不能全面地描述出 Chla 处于各浓度梯度水平下的情况。而由最小二乘法只能得出随着 TP 每增加 0.01 mg/L,Chla 平均上升 0.23 μg/L。

与传统 OLSR 回归结果比较,一元分位数回归在低分位($\tau<0.5$)时的 TP 斜率与 OLSR 得到的斜率大体相当,各分位的截距则反映各分位 Chla 的起始浓度。高分位($\tau>0.5$)时,OLSR 的结果与分位数回归结果大相径庭,不能真实描述淀山湖高浓度 Chla 与营养物压力的关系,实际上高浓度 Chla 受营养物以外的其他因素影响更大。

显然,分位数回归可以针对任何一个分位点作回归分析,因此更加细致地描述所有浓度梯度的藻类生物量与 TP 浓度水平之间的关系,而不仅是平均水平下的条件期望。表 2-12 显示了不同分位数下 Chla 与 TP 之间的线性回归,以及两者求对数之后的线性回归结果。分位数 $\tau<0.7$,TP 的斜率值维持在 14.6~29.2,磷对藻类生长有明显的正效应。尤其是 $\tau<0.3$ 时,随着 τ 的增大,斜率值在增加,从 22.7 上升到 29.2,意味着 TP 每增加 1 个单位,Chla 浓度的增加量是不断增大的,说明 TP 对 Chla 的正效应是逐步增大。在 $\tau=0.3$ 处,TP 每增加 0.01 mg/L,Chla 浓度可能提高 0.3 μg/L。随着分位点进一步上升($\tau>0.4$ 时),函数的斜率值开始下降,明显低于低分位时的斜率,说明 TP 对湖泊中较高藻类生物量的正效应有所削减。高的藻类生物量可能是由磷和其他因素(如气象)共同叠加作用引起的。分位数为 0.9 时,斜率值异常高,达到 40.86,这可能是由于藻华过程中蓝藻上浮引起表层水体中藻类密度异常高,或是藻华后期,藻类开始腐烂,向水中释放大量磷。

表 2-12 Chla 与 TP 及 lg Chla 与 lg TP 的分位数回归和传统最小二乘法回归的参数估值

分位数	Chla-TP			lg Chla-lg TP		
	截距(β_0)	斜率(β_1)	Wald 检验	截距(β_0)	斜率(β_1)	Wald 检验
0.1	3.22	22.70	0.010	1.171	0.397	0.089
0.2	5.00	25.00	0.002	1.244	0.356	0.0001
0.3	6.12	29.24	0.001	1.384	0.395	0.0001
0.4	9.78	23.64	0.206	1.568	0.457	0.003
0.5	15.85	18.20	0.547	1.573	0.319	0.101
0.6	19.88	14.60	0.730	1.762	0.394	0.022
0.7	27.07	15.24	0.786	1.733	0.270	0.192
0.8	33.31	3.58	0.958	1.712	0.188	0.366
0.9	37.89	40.86	0.753	1.999	0.350	0.162
OLS	18.78	22.80	0.101*	1.617	0.413	0.266

* Wald 检验呈显著水平。

随着分位点升高,参数估值的 Wald 显著性检验 R 值也随之明显增大,$\tau < 0.4$ 时,R 值的变化范围在 0.001~0.01,Chla 与 TP 之间的线性趋势关系显著。当 $\tau \geqslant 0.4$ 时,R 值的变化范围上升为 0.206~0.958。说明随着 Chla 浓度水平提高,TP 对藻类生物量的促进作用的显著性明显减弱,由正效应非常显著向不显著转化。lg Chla 与 lg TP 之间分位数回归的 Wald 检验 R 值均明显低于 Chla 与 TP 的分位数回归,说明 Chla 的对数与 TP 总磷的对数呈现更显著的正相关。

表 2-13 列举了不同分位条件下 Chla 与 TN 之间的线性回归,以及两者求对数之后的线性回归结果。TN 的斜率值变化明显分成两个阶段,分位点 0.54 对应的斜率值为 0,截距为 20.5。在低分位时($\tau < 0.54$,Chla $<$ 20.5 μg/L),TN 的斜率全部为正值,说明 TN 对藻类生长有明显的促进作用。分位数 $\tau < 0.4$ 时,斜率值随着分位数增大而上升,从 0.16 上升到 1.21,意味着 TN 每增加一个单位,Chla 浓度的增加量是不断增大的,即 TN 对 Chla 的正效应是逐步加大。

随着分位点进一步上升($0.3 < \tau < 0.54$),斜率值有所回落,说明 TN 对湖泊中较高藻类生物量的正效应明显削减。高分位时($\tau > 0.54$,Chla $>$ 20.5 μg/L),随着藻类进一步增长,TN 的斜率值均小于 0,而且随着分位点的提高而减小,这可能有两个原因:一是气象因素及氮以外的其他营养物质激发了藻华过程,藻类增长迅速,大量吸收水中的氮,反而降低了 TN 浓度;二是蓝藻上浮引起上层水体中藻类密度异常高,导致取样测定的 Chla 浓度偏高。Chla 从低浓度向高浓度的变化过程中,TN 对藻类增长的影响作用逐渐减弱。

表 2-13 Chla 与 TN 以及 lg Chla 与 lg TN 的分位数回归和传统最小二乘法回归的参数估值

分位数	Chla-TN			lg Chla -lg TN		
	截距(β_0)	斜率(β_1)	Wald 检验	截距(β_0)	斜率(β_1)	Wald 检验
0.1	4.67	0.16	0.857	0.687	−0.221	0.532
0.2	6.06	0.73	0.085	0.840	0.177	0.139
0.3	6.96	1.21	0.041	0.907	0.320	0.003
0.4	11.96	0.52	0.606	1.029	0.224	0.150
0.5	15.95	0.75	0.579	1.202	0.129	0.436
0.54	20.50	0	0.133	1.283	0	0.667
0.6	24.07	−0.77	0.617	1.346	−0.015	0.927
0.7	33.57	−2.35	0.112	1.498	−0.144	0.335
0.8	37.98	−2.29	0.152	1.554	−0.105	0.465
0.9	51.31	−4.41	0.025	1.695	−0.228	0.116
OLS	22.80	−0.75	0.03*	1.174	0.04338	0.05*

* Wald 检验呈显著水平。

采用二元分位数回归方法,分析 TN 与 TP 对藻类生物量的共同效应。二元传统线性回归(最小二乘法)得到的参数估值介于二元分位数回归 $\tau=0.5$ 与 $\tau=0.6$ 之间的参数估值之间,只反映出 Chla 与 TN、TP 之间的平均关系。

如表 2-14 所示,TP 斜率值 β_1 始终大于 0,说明 TP 对藻类增长始终为正效应,表现出明显的磷限制。TN 斜率值 β_2 全部小于 0,总体表现为 TN 浓度与藻类生物量水平呈相反的变化趋势,而且在高分位($\tau>0.5$)的斜率值(−5.63~2.69)明显

表 2-14 Chla-TP-TN 的二元分位数回归和传统二元线性回归的参数估值

分位数		TP		TN	
	截距(β_0)	斜率(β_1)	Wald 检验(R_1)	斜率(β_2)	Wald 检验(R_2)
0.1	4.43	52.13	0.004	−2.15	0.031
0.2	5.39	56.05	0.011	−1.81	0.112
0.3	6.45	52.87	0.048	−1.40	0.358
0.4	10.09	38.11	0.385	−0.98	0.688
0.5	16.15	25.92	0.579	−0.47	0.854
0.6	24.85	56.72	0.203	−3.57	0.128
0.7	31.07	40.68	0.534	−3.35	0.178
0.8	34.60	45.77	0.562	−2.69	0.197
0.9	43.65	97.08	0.195	−5.63	0.002
二元线性回归	20.80	66.92	−3.10		

小于低分位处($\tau \leqslant 0.5$)的斜率值($-2.15 \sim -0.47$),说明 TN 并不限制藻类的增长,在藻类快速增长过程中,TN 浓度维持一定浓度或者出现下降;或者是藻类生物量快速增长时(如藻华)可能大量吸收水中的氮,反而降低了 TN 浓度。

在低分位处(Chla<16 μg/L),单独考虑 TP 对藻类生物量的正效应比同时考虑 TN、TP 的共同作用要有效;而在高分位处(Chla>16 μg/L),同时考虑 TP、TN 对藻类生物量的影响,能明显提高拟合程度,从而更好地描述湖泊营养物与 Chla 的关系。

2.2.8 各湖泊的底泥环境状况分析比较

2010 年对主要湖泊进行了表层底泥采样,每个湖泊的采样点为 2~3 个。结果如图 2-21 所示,各湖泊的 pH 介于 7.13~7.40,电导率 E_c 介于 0.47~0.743 mS/cm。底泥有机质含量变化范围为 1.54%~9.37%,TN 平浓度变化范围为 0.88~4.127 g/kg,TP 平均浓度变化范围为 0.535~0.978 g/kg。长荡湖和滆湖的底泥有机质含量和 TN 浓度明显高于其他湖泊。

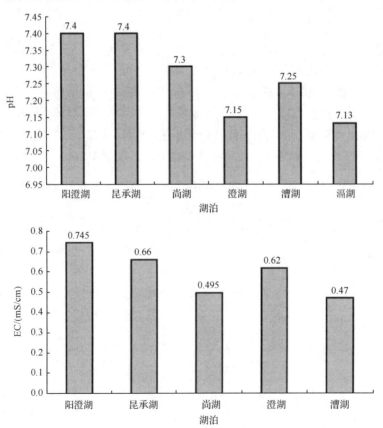

第 2 章 典型湖区及重点湖泊概况

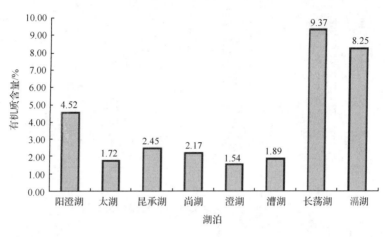

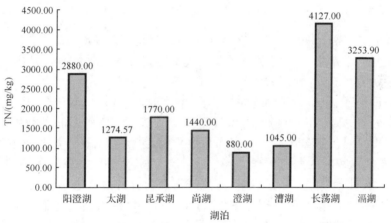

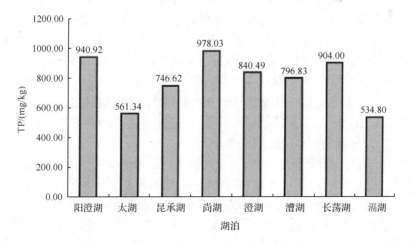

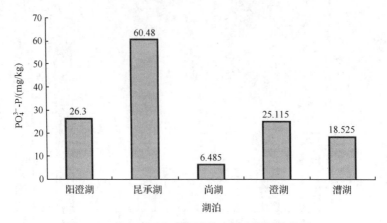

图 2-21 苏南地区主要湖泊的表层底泥污染状况

2.2.9 结论

通过历史数据分析和现场补充监测,研究苏南地区各湖泊的基本特征、富营养化现状及变化趋势,揭示江苏省不同类型湖泊富营养化区域差异性及内在规律。主要结论如下:

(1) TN、TP、Chla 及透明度四个富营养化指标呈现正偏态分布,其中 TN 更接近正态分布。TN 和 TP 的变异系数接近 58%,低于 SD 和 Chla 的变异系数,后者呈现厚重的偏态分布。Chla 的变异系数最大,达到 75%。将各湖泊按照 TN、TP 浓度的离散程度从大到小排列,顺序为:淀山湖、太湖、长荡湖、阳澄湖、滆湖、玄武湖、昆承湖、傀儡湖、尚湖。离散程度越大意味着富营养化程度越重。苏南地区湖泊的氮磷比的 80% 的数据落在 $0<N/P<30$ 的区间内。

(2) 综合营养状态指数法评价结果显示,尚湖和傀儡湖属于中营养,漕湖、昆承湖、玄武湖、阳澄湖属于轻度富营养,滆湖、长荡湖、澄湖和淀山湖属于中度富营养。1991~2010 年间,淀山湖的富营养化程度在逐渐加剧,2000 年是淀山湖由轻度富营养向中度富营养转化的转折点,目前综合营养状态指数维持在 64 左右。

(3) 运用箱线图比较分析了 NH_4^+-N、COD_{Mn}、TN、TP、Chla 和透明度等富营养化相关指标在苏南地区各湖泊之间的空间差异性。玄武湖、淀山湖、澄湖属于重度富营养化湖泊,太湖、漕湖、阳澄湖、滆湖、长荡湖、昆承湖等属于中度富营养化湖泊,尚湖、傀儡湖、元荡属于轻度富营养化。

(4) 历史数据的趋势分析显示,苏南地区主要湖泊的 TN 平均浓度在 1995 年前后出现跳跃式上升,之后的 15 年内维持在 1.90 mg/L 上下。TP 浓度在 2001~2010 年出现持续的缓慢上升。Chla 浓度的平均值和标准差(离散程度)均有明显增加。相应地,平均透明度出现急剧下降。各湖泊之间的富营养化趋势有明显差异,这与各湖泊的自然特征、水力条件、污染源输入状况、人为管理模式及功能定位等密切相关。

(5) 15~20 μg/L 和 28~30 μg/L 是苏南地区湖泊 Chla 浓度的两个重要拐点,总氮浓度的拐点为 2.0~2.5 mg/L,氨氮浓度的拐点为 0.4~0.5 mg/L,总磷浓度的拐点为 0.1~0.15 mg/L,透明度拐点为 50~60 cm。这些拐点对提出苏南地区湖泊富营养化控制标准和生态修复目标具有很好的参考价值。

(6) 苏南地区湖泊的 Chla 与 SD 之间存在较显著的负相关性,Chla 与 TP、TN、COD_{Mn} 之间均没有较好的相关性。而 TP<0.1 mg/L 时,Chla 与 TP 表现出显著的正相关性,Pearson 相关系数达到 0.773(P<0.01)。分位数回归结果表明,随着 Chla 浓度水平提高,TP 对藻类生物量的促进作用的显著性明显减弱,正效应由非常显著向不显著转化。Chla<20.5 μg/L 时,TN 对藻类生物量(Chla)有正效应,而当 Chla>20.5 μg/L 时,TN 对藻类生物量(Chla)存在负效应。

(7) 底泥监测结果显示,苏南地区各湖泊之间的底泥指标差异比较大,长荡湖和滆湖的底泥有机质含量和总氮浓度明显高于其他湖泊。

2.3 江西省湖泊富营养化特征

2.3.1 江西省湖泊概况

江西省位居长江中下游南岸,属东部平原湖区,是淡水湖泊数量最多的省份之一。江西省境内湖泊总面积 3882.7 km²,约占全省土地面积的 2.4%,其中面积大于 10 km² 的湖泊有 14 个,1~10 km² 的 41 个,主要分布于赣北丘陵地带,境内水网交密,大小湖荡星罗棋布。

近年来,随着江西省经济建设的快速发展、人口剧增及工农业污水的排入,湖泊富营养化趋向日益加重。湖泊水质和营养状态不仅受人为活动的影响,湖泊流域的湖盆形态、地理特征、气候变化及水文地质条件等也是影响湖泊水质的主要因素。江西境内除北部较为平坦外,东西南部三面环山,中部丘陵起伏,成为一个整体向鄱阳湖倾斜而向北开口的巨大盆地。湖泊的空间分布格局深受地形构造与水系的控制,境内大多数构造湖为吞吐型浅水湖泊,长期泥沙淤积及地表径流污染一定程度上加重了湖泊水质的恶化。

江西省属亚热带湿润季风型气候。冬春季常受西伯利亚冷气流影响,多寒潮,盛行偏北风,气温低;夏季冷暖气流交错,潮湿多雨,为"梅雨季节",气温回暖;秋季为太平洋副热带高压控制,晴热干旱,盛行偏南风,偶有台风侵袭。全年气候温暖,日照充足,雨量充沛,年均降水量在 1341~1940 mm,降水季节差别很大,无霜期长。年平均气温 17℃ 左右。7 月最高,月平均约 30℃,极温约 40.5℃;1 月最低,月平均 4.4℃,极温−11.9℃。因此,大多数湖泊枯水期与丰水期的水量、水位相差较大,高水湖相,低水河相。江西省调查湖泊地理分布及示意图如图 2-22 所示,

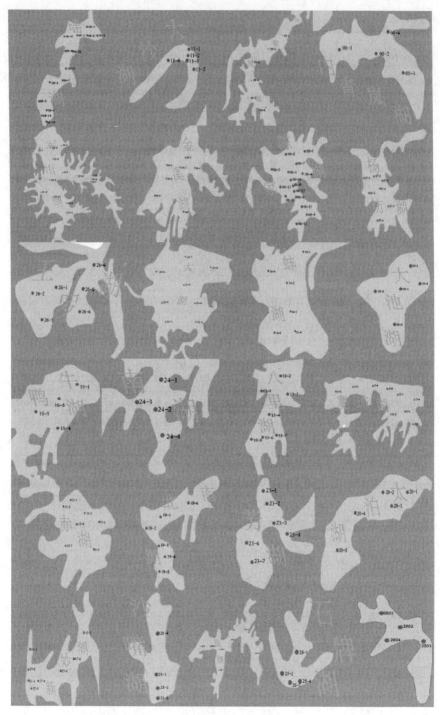

图 2-22 江西省调查湖泊地理分布及示意图

江西省调查湖泊概况见表2-15。

表2-15　江西省中小型湖泊监测概况

序号	湖泊名称	地理位置	湖泊面积/km²	平均水深/m	监测点数
1	瑶湖	116°01′E~116°05′E,28°38′N~28°44′N	15.86	2.02	14
2	沙嘴湖	116°18′E~116°20′E,29°12′N~29°15′N	4.82	2.39	4
3	石牌湖	116°20′E~116°22′E,29°13′N~29°14′N	3.53	2.68	4
4	新妙湖	116°8′E~116°14′E,29°19′N~29°25′N	31.42	1.62	8
5	珠湖	116°34′E~116°44′E,29°04′N~29°12′N	48.39	3.49	9
6	军山湖	116°15′E~116°28′E,28°23′N~28°37′N	153.48	4.58	14
7	大湖	116°26′E~116°32′E,28°46′N~28°54′N	79.02	2.24	8
8	金溪湖	116°18′E,28°42′N	62.75	3.05	7
9	大沙湖	116°09′E~116°12′E,28°35′N~28°37′N	4.8	2.07	5
10	内青岚湖	116°10′E~116°15′E,28°23′N~28°26′N	12.86	2.38	4
11	外青岚湖	116°06′E~116°14′E,28°25′N~28°36′N	55	2.8	6
12	赛城湖	115°45′E~115°54′E,29°39′N~29°43′N	41.63	3.08	9
13	八里湖	115°54′E~115°57′E,29°38′N~29°42′N	14.3	3.46	7
14	赤湖	115°37′E~115°45′E,29°43′N~29°49′N	61.35	2.5	7
15	芳湖	116°29′E~116°31′E,29°47′N~29°50′N	7.15	3.97	6
16	太泊湖	116°41′E~116°46′E,29°58′N~30°02′N	23.38	2.48	5
17	南北湖	116°12′E~116°17′E,29°38′N~29°42′N	20.57	3.15	6
18	陈家湖	116°20′E~116°24′E,28°36′N~28°40′N	17.93	3.94	15
19	杨坊湖	116°30′E~116°33′E,28°30′N~28°33′N	14.27	1.68	9
20	大湖池	115°54′E~115°58′E,29°05′N~29°09′N	20.82	4.7	5
21	南湖	115°47′E~115°52′E,29°10′N~29°12′N	11.42	4.28	4
22	牛鸭湖	115°51′E~115°54′E,29°11′N~29°14′N	10.22	3.29	4
23	蚌湖	115°55′E~115°116°0′E,29°11′N~29°16′N	40.83	5.27	6
24	瑶岗湖	116°25′E~116°26′E,28°35′N~29°37′N	2.74	2.84	4
25	王罗湖	116°19′N,28°47′N	26.46	4.00	6

2.3.2　湖泊特征参数的表达与转换

大部分相关性分析、回归分析和统计检验方法在理论上要求数据服从正态分布,通过对数据的预处理,使得原本呈偏态分布的数据正态化,并通过平均值(M_v)与中位数(M_{50})之比进行正态性检验。预处理的主要方法是对数据进行倒数、对数、平方等形式的数学变换,比较变换前后的比值(M_v/M_{50}),越接近1说明数据的正态性越好。另外,M_v/M_{50}接近时,可以利用数据的偏度和峰度来选择最优的变换。偏度描述数据分布的偏斜程度和方向,正态分布的偏度值为0。一个经验参考是,如果计算的偏度值在-1~1之间,这说明数据分布近似对称分布。峰度是描述数据分布曲线陡峭平缓程度的统计量,正态分布的峰度值为0。王海军等利用M_v/M_{50}并结合目测法对长江流域湖泊的部分监测数据适合的变换形式进行了总结,部分监测数据的变换形式见表2-16,以数字1~3表现变换形式的合适程度,其中1表示最佳,3表示最次。

表2-16 长江流域湖泊部分监测数据适合的变换形式

环境因子	1	2	3
面积(Area)	$x^{0.1}$		
平均水深(Z_m)	$x^{0.1}$	$\lg x, x^{0.5}$	
最大水深(Z_{max})	$1/x$		
pH	x		
透明度(SD)	$x^{0.1}$	$\lg(x)$	$x^{0.5}$
电导率(Cond)	$\lg x$	$x^{0.1}$	$x^{0.5}$
总氮(TN)	$\lg x$	$x^{0.1}$	
总磷(TP)	$\lg x$	$x^{0.1}$	
氮磷比(N/P)	$\lg x$	$x^{0.5}$	
叶绿素 a(Chla)	$x^{0.1}$	$\lg x$	

江西省湖泊监测数据变换形式可参考表2-16,但由于不同区域湖泊特点不尽相同,因此有必要结合其监测数据,找出适合的数据变换形式。对湖泊面积(Area)、最大水深(Z_{max})、平均水深(Z_m)、pH、电导率(Cond)、透明度(SD)、总氮(TN)、总磷(TP)、氮磷比(N/P)、高锰酸盐指数(COD_{Mn})、叶绿素 a(Chla)等原始数据进行分析研究,经数据变换后,江西省湖泊湖盆形态学参数和湖水理化参数合适的数据变换形式,见表2-17,以数字1~3表现变换形式的合适程度,其中1表示首选变化形式,2表示其次变化形式,3表示再次的变化形式。

表2-17 江西省湖泊湖盆形态学参数和湖水理化参数合适的数据变换形式

参数	1	2	3
Area	$x^{0.1}$		
Z_{max}	$x^{0.1}$		
Z_m	$x^{0.1}$		
pH	x		
Cond	$x^{0.1}$	$\lg x$	$1/x$
SD	$x^{0.1}$	$\lg x$	$x^{0.5}$
TN	$x^{0.5}$		
TP	$\lg x$		

续表

参数	1	2	3
N/P	$\lg x$		
COD_{Mn}	$x^{0.5}$		
Chla	$\lg x$	$x^{0.5}$	

从表 2-17 中可以看出,江西省湖泊湖盆形态学参数和湖水理化参数合适的数据变换形式与长江流域的部分吻合,但 Z_m、Cond、TN 和 Chla 略有不同。

江西省湖泊水体理化参数的基本统计特征见表 2-18,图 2-23 至图 2-32 分别给出了各形态参数原始数据和变换数据的频数分布。可以看出,参数的原始数据均呈不同程度的偏态分布,经表 2-18 推荐的方式转换之后,其频数分布呈现正态分布。

表 2-18 湖泊湖水理化参数的基本统计特征(25 个湖泊年平均数据)

项目	SD/m	pH	Cond /(μS/cm)	Z_m/m	TN /(mg/L)	TP /(mg/L)	N/P	COD_{Mn} /(mg/L)	Chla /(mg/m³)
样本数	25	25	25	25	25	25	25	25	25
均值	0.71	7.59	128.92	3.28	0.79	0.06	22.26	2.61	13.20
均值的标准误差	0.08	0.10	13.39	0.22	0.08	0.01	2.40	0.19	1.46
中位数	0.56	7.57	108.35	3.08	0.72	0.06	19.72	2.54	10.71
标准差	0.39	0.48	66.97	1.10	0.40	0.03	12.01	0.95	7.29
极小值	0.23	6.83	59.05	1.62	0.29	0.01	3.66	1.33	2.67
极大值	1.56	8.44	297.68	5.76	1.87	0.12	53.56	4.76	27.54
变异系数	54.80	6.27	51.94	33.63	50.09	48.50	53.95	36.48	55.24

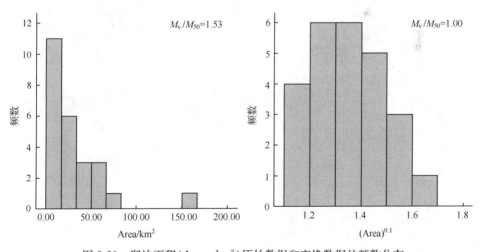

图 2-23 湖泊面积(Area,km²)原始数据和变换数据的频数分布

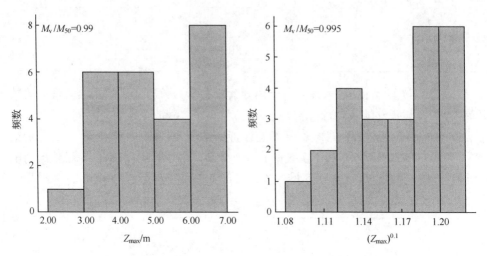

图 2-24　湖泊最大水深(Z_{max}, m)原始数据和变换数据的频数分布

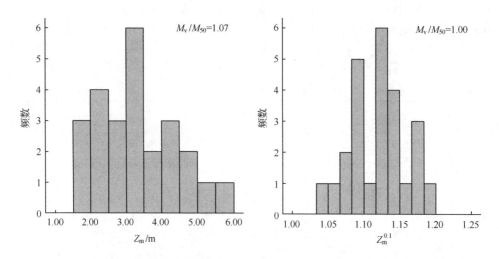

图 2-25　湖泊平均水深(Z_m, m)原始数据和变换数据的频数分布

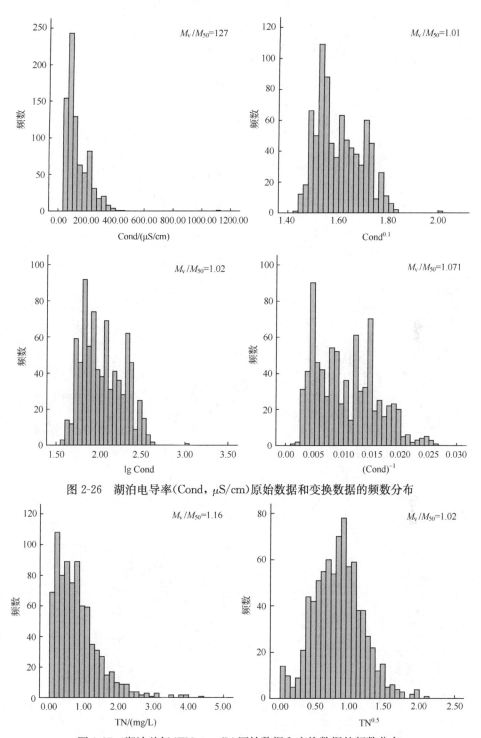

图 2-26　湖泊电导率(Cond，μS/cm)原始数据和变换数据的频数分布

图 2-27　湖泊总氮(TN，mg/L)原始数据和变换数据的频数分布

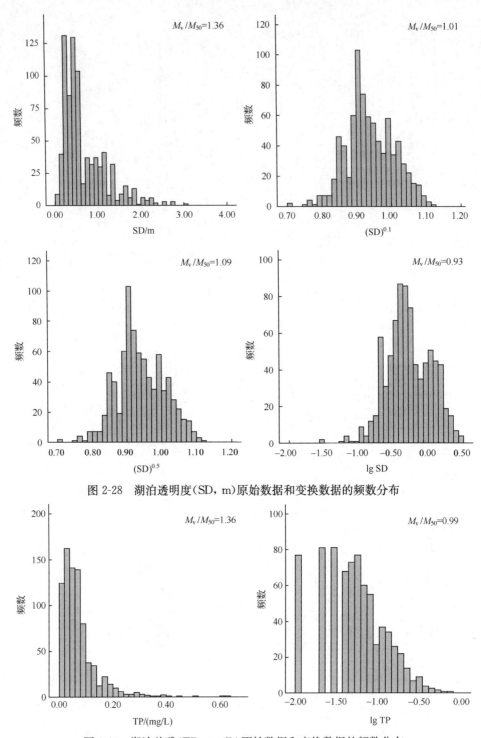

图 2-28 湖泊透明度(SD, m)原始数据和变换数据的频数分布

图 2-29 湖泊总磷(TP, mg/L)原始数据和变换数据的频数分布

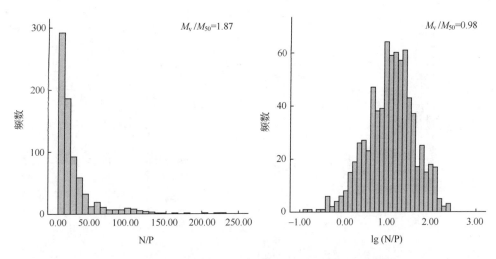

图 2-30 湖泊氮磷比(N/P)原始数据和变换数据的频数分布

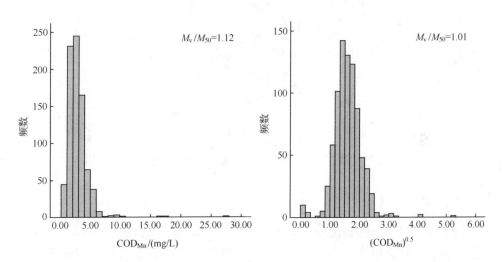

图 2-31 湖泊高锰酸盐指数(COD_{Mn},mg/L)原始数据和变换数据的频数分布

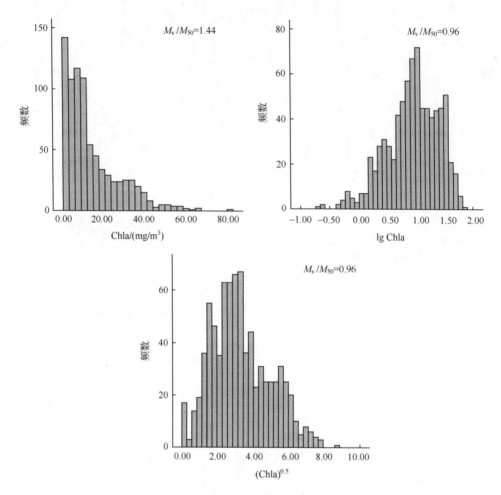

图 2-32 湖泊叶绿素 a(Chla，mg/m³)原始数据和变换数据的频数分布

2.3.3 江西湖泊富营养化评价

分别将 25 个调查湖泊的 SD、COD_{Mn}、TP、TN 和 Chla 监测参数指标平均浓度值按综合营养状态指数法(TLI)进行计算,得到各湖泊的 TLI 值,江西省调查湖泊综合富营养状态指数(TLI)及评价结果见表 2-19,江西省调查湖泊综合营养状态指数见图 2-33。

由图 2-33 中可以看出,所有调查湖泊的 TLI 值均大于 30,其中八里湖、陈家湖、大湖、芳湖、南北湖、太泊湖、瑶岗湖和瑶湖 8 个湖泊的 TLI 值超过了 50,水体已呈现富营养化状态,占湖泊总数的 32%;其余湖泊的水体均呈现中营养状态。

表 2-19 江西省调查湖泊综合营养状态指数(TLI)及评价结果

序号	湖泊名称	TLI	评价结果	序号	湖泊名称	TLI	评价结果
1	八里湖	55.82	轻度富营养	14	牛鸭湖	45.99	中营养
2	蚌湖	40.07	中营养	15	赛城湖	41.47	中营养
3	陈家湖	51.05	轻度富营养	16	沙嘴湖	48.83	中营养
4	赤湖	34.14	中营养	17	石牌湖	46.88	中营养
5	大湖	51.90	轻度富营养	18	太泊湖	53.57	轻度富营养
6	大湖池	40.22	中营养	19	外青岚湖	43.53	中营养
7	大沙湖	46.72	中营养	20	王罗湖	45.32	中营养
8	芳湖	50.27	轻度富营养	21	新妙湖	49.50	中营养
9	金溪湖	45.97	中营养	22	杨坊湖	47.73	中营养
10	军山湖	34.32	中营养	23	瑶岗湖	52.43	轻度富营养
11	内青岚湖	49.98	中营养	24	瑶湖	56.44	轻度富营养
12	南北湖	57.74	轻度富营养	25	珠湖	37.73	中营养
13	南湖	43.26	中营养				

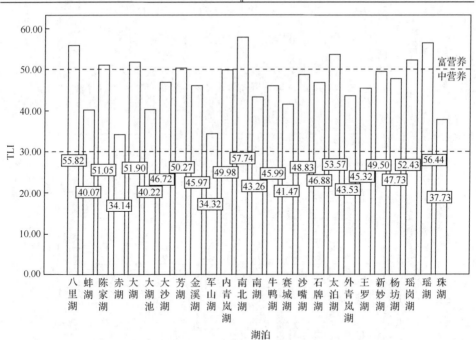

图 2-33 江西调查湖泊综合富营养状态指数柱状图

在8个富营养化湖泊中,TLI值都没有超过60,均为轻度富营养,其中芳湖的TLI值最小,为50.27;南北湖的TLI值最大,为57.74。在17个中营养湖泊中,有3个较低值,分别是赤湖的34.14,军山湖的34.32和珠湖的37.73;而内青岚湖和新妙湖的TLI值较大,分别为49.98和49.50,处在富营养化临界状态。

2.3.4 江西湖泊富营养化环境要素特征分析

根据 2010 年 3 月至 2011 年 3 月的监测结果,将江西省湖泊富营养化环境要素变化情况绘制成箱线图,如图 2-34 所示。

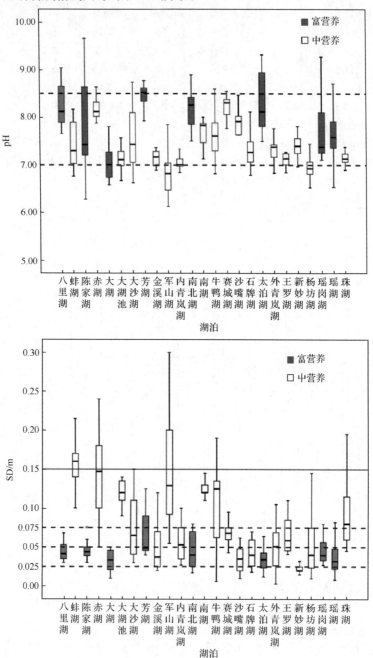

第2章 典型湖区及重点湖泊概况

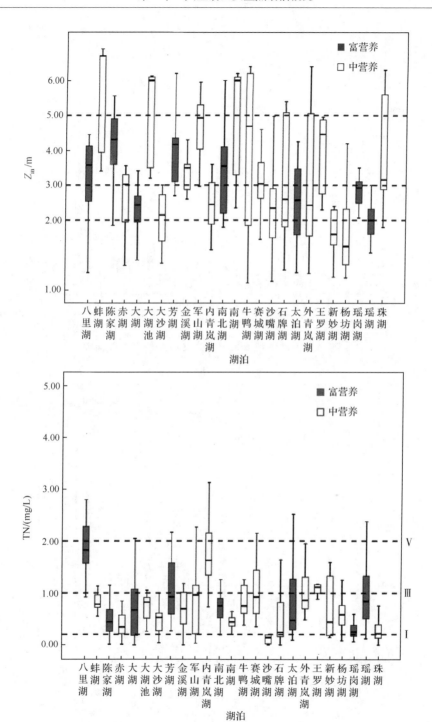

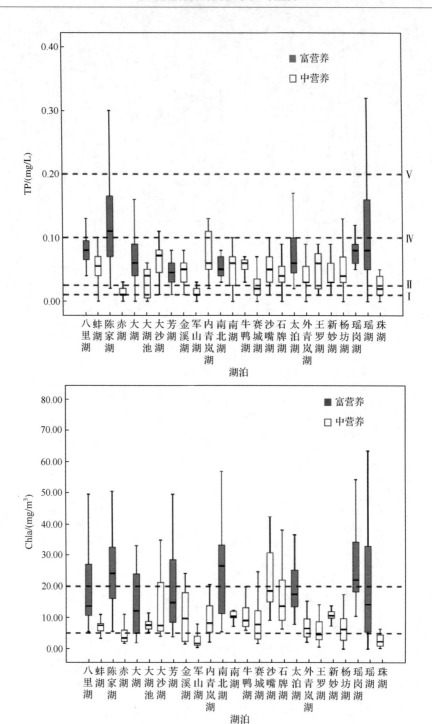

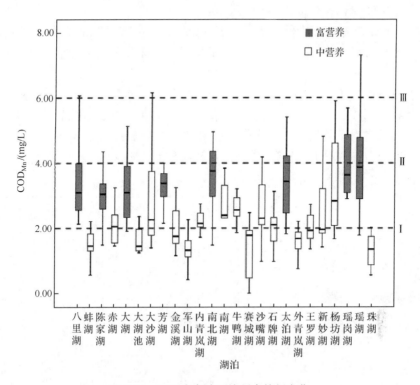

图 2-34 江西省湖泊环境要素特征变化

pH 基本在 7～8.5 之间变动,其中芳湖中位数最大,pH 略大于 8.5,军山湖和杨坊湖的中位数较小,其 pH 略小于 7,呈弱酸性。整体来看,被调查的江西省湖泊基本属于偏碱性水体。

蚌湖、赤湖、大湖池、军山湖、南湖和牛鸭湖透明度相对较高,中位数大于 1 m,其余湖泊透明度未超过 1 m,其中以新妙湖的透明度最低,主体值小于 0.5 m。

比较各湖水深中位数值,所有调查湖泊水深均未超过 6 m,其中大湖池、军山湖、南湖和牛鸭湖的水深较大,在 5 m 左右,杨坊湖和新妙湖的较小,水深低于 2 m。

就 TN 而言,除了八里湖、内青岚湖和王罗湖,其余湖泊的中位数均低于 1.0 mg/L 的Ⅲ类水质标准,其中沙嘴湖的 TN 浓度最小,监测主体值均低于 0.2 mg/L 的Ⅰ类水质标准值;八里湖和内青岚湖的 TN 浓度较大,监测主体值在 2.0 mg/L 的Ⅴ类水质标准附近。

TP 方面,其浓度变化与 TN 略有不同,除了陈家湖,其余湖泊 TP 浓度的中位数均低于 0.1 mg/L 的Ⅳ类水质标准值,其中赤湖、军山湖、赛城湖和珠湖的 TP 浓度较小,监测主体值均位于Ⅰ～Ⅱ类水质标准值之间,陈家湖和瑶湖的 TP 浓度较大,其监测主体值在Ⅳ类水质标准附近。

调查湖泊 Chla 浓度中位数均小于 30 mg/m³,其中陈家湖、南北湖和瑶岗湖的浓度值较大,赤湖、军山湖、珠湖的浓度值较小,其余湖泊浓度值均位于 5～20 mg/m³。

调查湖泊的 COD_{Mn} 中位数均低于 4 mg/L 的Ⅱ类水质标准值,其中南北湖和瑶湖的值较大,接近 4 mg/L,蚌湖、大湖池、金溪湖、军山湖、赛城湖、外青岚湖、王罗湖、新妙湖和珠湖的值较小,低于 2 mg/L 的Ⅰ类水质标准值。

江西省湖泊一年四季环境要素基本统计特征见表 2-20 至表 2-23。

表 2-20　江西省湖泊春季环境要素基本统计特征

项目	TN /(mg/L)	TP /(mg/L)	SD /m	N/P	COD_{Mn} /(mg/L)	Chla /(mg/m³)	Z_m/m	pH
样本数	200	200	200	188	200	193	200	199
均值	1.28	0.06	66.71	40.84	2.72	9.52	2.95	7.35
均值的标准误差	0.05	0.00	3.16	3.01	0.16	0.71	0.10	0.05
中值	1.09	0.04	60.00	26.65	2.27	7.28	2.67	7.18
标准差	0.77	0.07	44.64	41.23	2.20	10.01	1.38	0.76
极小值	0.14	0.00	3.00	1.64	0.86	0.42	0.37	6.13
极大值	4.33	0.51	230.00	227.00	27.86	63.92	6.40	9.28
变异系数	60.68	117.07	66.92	100.96	81.12	105.16	46.73	10.33

表 2-21　江西省湖泊夏季环境要素基本统计特征

项目	TN /(mg/L)	TP /(mg/L)	SD/m	N/P	COD_{Mn} /(mg/L)	Chla /(mg/m³)	Z_m/m	pH
样本数	279	279	279	247	279	279	279	279
均值	0.68	0.08	92.91	18.44	2.53	14.54	4.24	7.68
均值的标准误差	0.03	0.01	3.52	1.68	0.07	0.74	0.08	0.04
中值	0.60	0.05	72.00	8.13	2.33	9.60	4.30	7.45
标准差	0.46	0.09	58.82	26.43	1.19	12.29	1.35	0.74
极小值	0.00	0.00	18.00	0.00	0.56	0.57	1.30	5.14
极大值	2.57	0.63	300.00	133.00	6.39	50.39	6.90	9.66
变异系数	67.13	113.46	63.31	143.34	46.96	84.53	31.75	9.67

表 2-22　江西省湖泊秋季环境要素基本统计特征

项目	TN /(mg/L)	TP /(mg/L)	SD/m	N/P	COD$_{Mn}$ /(mg/L)	Chla /(mg/m³)	Z_m/m	pH
样本数	180	180	180	178	180	176	180	180
均值	0.59	0.08	45.34	10.19	3.02	20.54	2.82	7.69
均值的标准误差	0.04	0.00	2.32	0.72	0.09	1.10	0.09	0.04
中值	0.52	0.07	35.00	8.28	2.83	17.94	2.87	7.52
标准差	0.50	0.06	31.08	9.58	1.19	14.81	1.20	0.57
极小值	0.00	0.00	6.00	0.00	0.43	0.99	0.20	6.73
极大值	3.04	0.61	155.00	64.00	6.26	77.18	6.20	9.33
变异系数	85.62	80.04	68.54	93.94	39.41	72.08	42.45	7.44

表 2-23　江西省湖泊冬季环境要素基本统计特征

项目	TN /(mg/L)	TP /(mg/L)	SD/m	N/P	COD$_{Mn}$ /(mg/L)	Chla /(mg/m³)	Z_m/m	pH
样本数	147	147	147	146	147	141	147	147
均值	0.65	0.06	49.59	15.82	2.91	9.87	1.72	7.39
均值的标准误差	0.05	0.00	3.24	1.26	0.20	0.86	0.08	0.04
中值	0.48	0.05	40.00	11.33	2.48	7.45	1.60	7.30
标准差	0.57	0.04	39.29	15.25	2.48	10.48	0.97	0.54
极小值	0.01	0.00	8.00	0.17	0.01	0.19	0.25	6.58
极大值	3.47	0.22	195.00	92.00	17.28	61.33	4.32	9.28
变异系数	87.09	75.96	79.24	96.40	85.34	106.18	56.26	7.25

将图 2-34 中处于富营养和中营养状态的湖泊分开,对比各指标中位数的情况,总结出江西省富营养和中营养状态湖泊富营养化相关指标的中位数变化范围,结果如表 2-24 所示。

表 2-24　江西省富营养和中营养状态湖泊富营养化相关指标的中位数变化范围

监测指标	中营养状态	富营养状态
TN/(mg/L)	0.14~1.63	0.25~1.83
TP/(mg/L)	0.01~0.07	0.05~0.11
Chla/(mg/m³)	1.75~18.51	12.05~26.53
COD$_{Mn}$/(mg/L)	1.33~2.84	3.10~3.87
SD/m	0.20~1.60	0.32~0.49
N/P	2.00~34.80	3.88~23.00
Z_m/m	1.25~6.70	2.00~4.31

从图 2-34 中可以看出中营养和富营养湖泊环境要素的中位数除了 COD_{Mn} 有明显的区分外,其他湖泊均是相互重叠的。利用 SPSS 中的 Bootstrap 方法寻找中营养和富营养的置信区间,从而找出中营养和富营养湖泊的临界值。

利用 Bootstrap 方法得到中营养和富营养湖泊各指标中值 95% 置信区间,结果见表 2-25。

表 2-25 中营养和富营养湖泊各指标中值 95% 置信区间

置信区间	SD/m	TP /(mg/L)	TN /(mg/L)	Chla /(mg/m³)	COD_{Mn} /(mg/L)	Z_m/m	N/P
中营养	[0.56,1.20]	[0.03,0.06]	[0.35,0.82]	[6.29,9.66]	[1.68,2.66]	[2.43,4.69]	[8.75,22.50]
富营养	[0.34,0.44]	[0.05,0.08]	[0.44,0.88]	[13.6,24.12]	[3.10,3.76]	[2.44,4.17]	[4.39,14.63]

从表 2-25 中可以看出,SD、Chla、COD_{Mn} 的置信区间可被明显划分;在 TP 的置信区间内,中营养和富营养的上下限很接近;TN、Z_m 和 N/P 的置信区间重叠在一起,无法划分。因此,富营养和中营养状态湖泊的 SD、COD_{Mn}、Chla 和 TP 具有差异性,TN、N/P 和 Z_m 没有表现出差异性。

我国协调营养类型湖泊中、富营养的分类标准,见表 2-26,滇池富营养状态评价标准,见表 2-27,从表中可以看到,江西省的 TN 数值变化波动较大,并不符合我国协调营养类型湖泊中、富营养的分类标准和滇池的营养状态标准;TP 和 Chla 的富营养限值与我国协调营养类型湖泊中、富营养的分类标准较为接近;SD 和 COD_{Mn} 与标准有较大差异,具有江西省的区域差异性。因此,提出江西省湖泊 SD、TP、Chla 和 COD_{Mn} 的富营养限值可分别设置为 0.45 m、0.05 mg/L、10 mg/m³ 和 3.0 mg/L,江西省富营养状态参考标准,见表 2-28。

表 2-26 我国协调营养类型湖泊中、富营养的分类标准

营养类型	TP/(mg/L)	TN/(mg/L)	Chla/(mg/m³)
中营养	0.02~0.05	0.4~1.2	4.0~10.0
富营养	>0.05	>1.2	>10.0

表 2-27 滇池富营养状态标准

营养状态	SD/m	TP/(mg/L)	TN/(mg/L)	Chla/(mg/m³)	COD_{Mn}/(mg/L)
中营养	1.5	0.025	0.30	10	3.0
中富营养	1.0	0.05	0.60	15	4.0

表 2-28 江西省富营养状态参考标准

营养状态	SD/m	TP/(mg/L)	Chla/(mg/m³)	COD_{Mn}/(mg/L)
富营养	<0.45	>0.05	>10	>3.0

根据最小值定律,浮游植物的最大生长量由所需总物质量最少的那种营养盐所控制。根据 Redfield 假设,临界的氮磷比按元素计应为 16∶1,按质量计应为 7.2∶1。当湖泊中可能被藻类吸收的氮、磷质量浓度小于 Redfield 值时,则可认为氮是限制性营养盐;反之,则可认为磷是限制性营养盐。

江西省 25 个湖泊各监测点的氮磷比数据求均值后绘制成江西省湖泊氮磷比图,如图 2-35 所示,可以看出,除陈家湖和瑶岗湖外,其余湖泊的氮磷比值都大于 7,说明江西省绝大部分湖泊以磷为限制性营养盐。

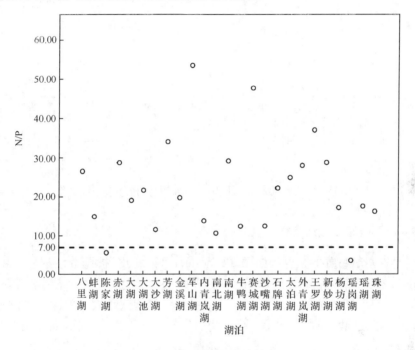

图 2-35　江西省调查湖泊氮磷比

水深是湖泊水文要素的重要组成部分,它的变化会引起湖泊蓄水量、水动力及风浪特征等的改变,从而影响该水体的环境容量及其自净能力。白晓华等曾就太湖水深变化对氮磷等营养盐浓度的影响进行研究,得出在该湖局部区域,水深对营养盐浓度有显著影响,并就此提出通过人为调控水深改善湖泊水质的治理措施。刘鸿亮等在研究中国湖泊富营养化发展趋势中得出,处于富营养或重富营养的湖泊一般面积较小,且都邻近城市。江西省调查湖泊平均水深、面积与湖泊营养状态关系,如图 2-36 所示,可以看出,江西省所调查湖泊均属于中小型湖泊,其营养状态与面积关系较大,但由于所有湖泊均为浅水湖泊,因此营养状态与水深的关系并不明显。在 8 个富营养化湖泊中,有近 90% 的湖泊面积小于 25 km²,属于小型湖泊,这个结果与刘鸿亮等的研究所得规律相同。

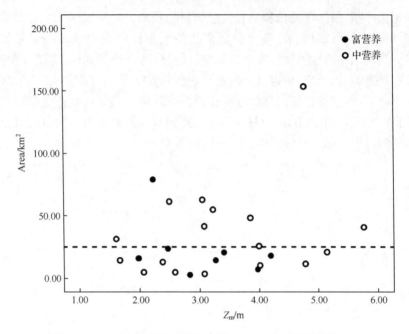

图 2-36 江西省调查湖泊平均水深、面积与湖泊营养状态关系

2.3.5 江西省湖泊底质指标现状分析

江西省湖泊底质指标现状如图 2-37 所示,可以看出,被调查湖泊底泥中 TN 含量在 0.23~5.79 g/kg 之间,均值为 1.96 g/kg。赤湖的 TN 含量明显较其他被调查湖泊的高,其中位数值为 4.39 g/kg,且其整体含量也较其他被调查湖泊高;大湖、金溪湖、新妙湖的 TN 含量较小,其中位数值分别为 1.05 g/kg、1.17 g/kg、1.15 g/kg。

有机质(OM)含量在 0.66%~7.93%之间,均值为 2.23%。从图 2-37 中可以看出赤湖的 OM 含量明显较其他被调查湖泊的高,其中位数值达到了 7.73%,且其整体含量也较其他被调查湖泊高;金溪湖的 OM 整体含量最小,其中位数值为 1.24%。其余被调查湖泊的 OM 含量中位数均位于 2%上下。

硝态氮含量在 0.52~22.60 mg/kg 之间,均值为 4.53 mg/kg。从图 2-37 中可以看出杨坊湖的硝态氮含量较其他被调查湖泊的高,其中位数值达到了 6.98 mg/kg。其余被调查湖泊的硝态氮含量中位数均位于 5 mg/kg 之下。

铵态氮含量在 8.90~12.50 mg/kg 之间,均值为 10.54 mg/kg。从图 2-37 中可以看出,太泊湖、南北湖、芳湖和八里湖等四个富营养化湖泊的铵态氮中位数处于较高值,其中太泊湖的值最大,达到了 12.00 mg/kg;沙嘴湖、军山湖、内青岚湖的含量也较高,中位数处于 11.00 mg/kg 左右,石牌湖的中位数值最小,为 9.10 mg/kg。

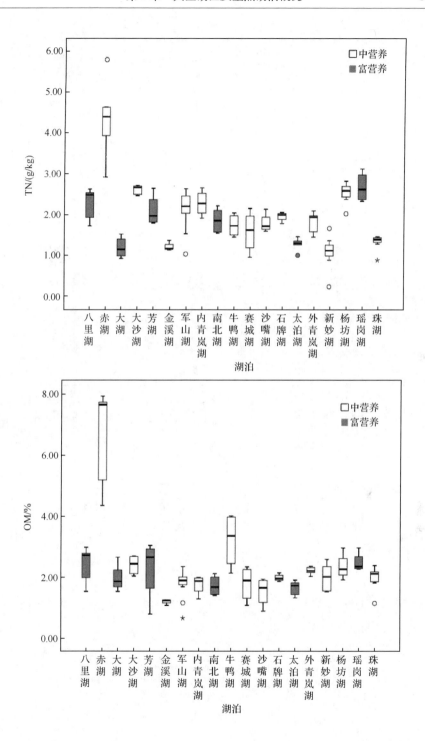

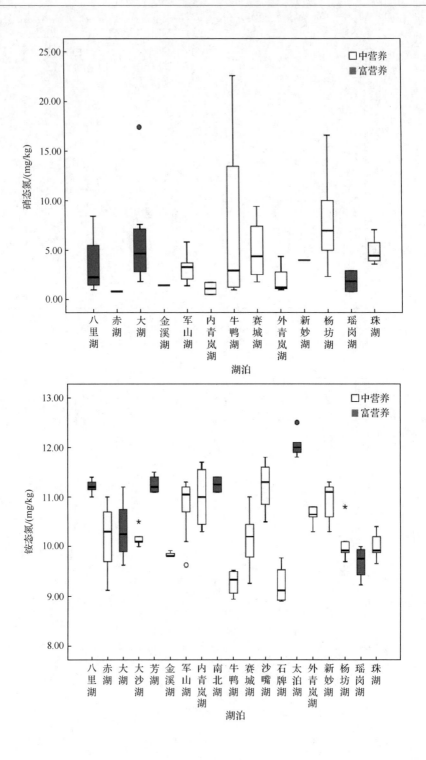

第2章 典型湖区及重点湖泊概况

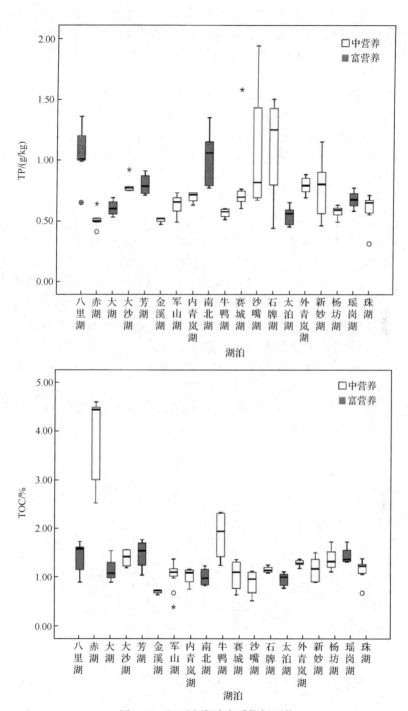

图 2-37 江西省湖泊底质指标现状

TP 含量在 0.31~1.94 g/kg 之间,均值为 0.73 g/kg。从图 2-37 中可以看出,石牌湖的中位数值最大为 1.25 g/kg,南北湖和八里湖的中位数值也较高,分别为 1.06 g/kg 和 1.01 g/kg,其余湖泊的 TP 中位数均在 0.5~1.00 g/kg 之间变动。

总有机碳(TOC)含量在 0.38%~4.60%之间,均值为 1.30%。与 TN 和 OM 的变化情况相似,赤湖的 TOC 含量明显比其他被调查湖泊大,其中位数值达到了 4.44%,且其整体含量也在其他被调查湖泊之上;金溪湖的 TOC 整体含量最小,其中位数值为 0.72%,其余被调查湖泊的 TOC 含量中位均 1%之上。

2.3.6 江西省部分湖泊富营养化趋势分析

利用江西省部分湖泊 1990~2010 年的监测数据,对其富营养化环境要素的变化趋势进行分析。江西湖泊富营养化环境要素变化趋势如图 2-38 所示。

从图 2-38 中可以看出,DO 历年的中位数相对集中,都位于 7.5 mg/L 附近。SD 的中位数总体呈现出先减小后增大再减小的趋势,最大值出现在 2003 年,最低值出现在 1997 年。pH 的中位数相对集中,在 7.5~8.0 之间,表现出弱碱性,总体趋势呈现出先增大后减小的趋势。TN 的中位数总体上呈现出先增大后减小的趋势,1997~2004 年正常值分布的分散程度很大,属于Ⅴ类水,"十一五"期间逐渐减小,属于Ⅲ类水。TP 的中位数除 1990 年外,其他年份都相对集中,总体呈现出

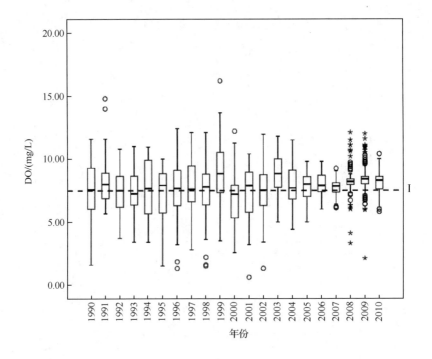

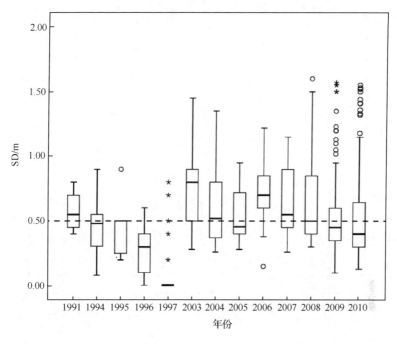

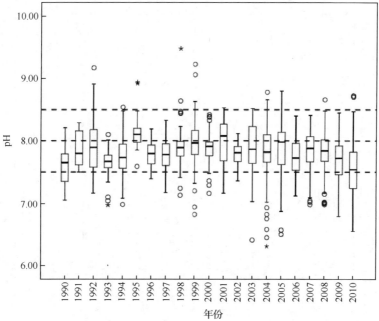

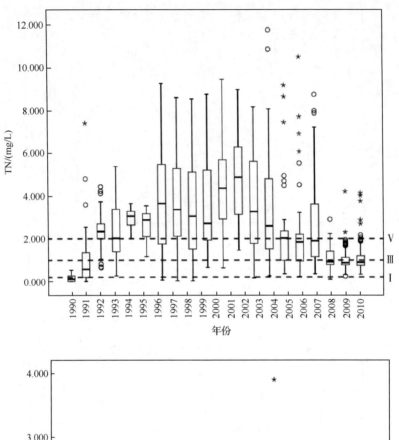

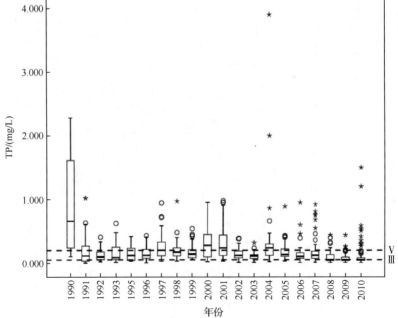

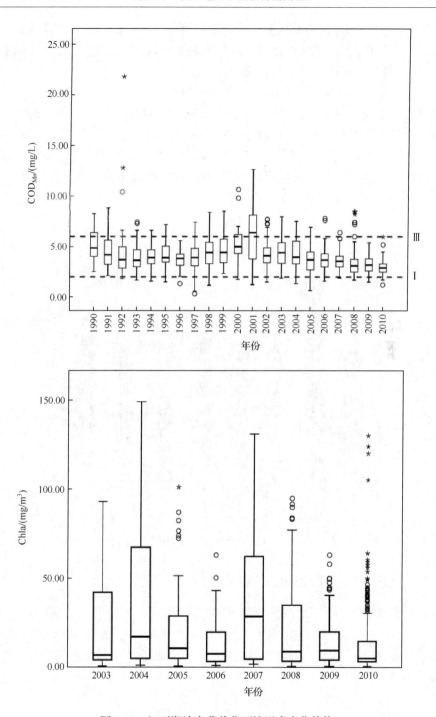

图 2-38 江西湖泊富营养化环境要素变化趋势

先增大后减小的趋势,且正常值分布的分散程度很小,水质在Ⅲ~Ⅴ类范围内波动。COD_{Mn}总体呈现出先减小后增大再减小的趋势,且正常值分布的分散程度较小,除2001年外,水质在Ⅰ~Ⅲ类范围内波动。

江西省部分湖泊综合营养状态趋势如图2-39所示,可以看出,2003~2010年,除八里湖以外,其他湖泊的综合营养状态总体上呈现先减小后增大的趋势。白水湖和甘棠湖总体上呈现中度富营养的状态,八里湖在2004年和2007年达到中度富营养化的状态,其他年份为轻度富营养状态。赛城湖除2008年达到轻度富营养外,其他年份均处于中营养状态。鄱阳湖在2009年前均处于中营养状态,2009年和2010年呈现轻度富营养状态。

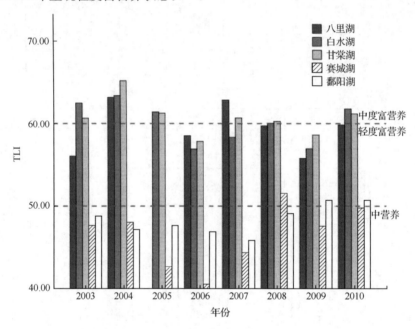

图2-39 江西省部分湖泊综合营养状态指数趋势

2.3.7 江西省富营养化湖泊驱动因子研究

将处于富营养化状态的湖泊作为考察对象,以Z_m、水温(WT)、SD、pH、溶解氧(DO)、COD_{Mn}、TN、硝酸盐(NO_3^--N)、TP、溶解性磷酸盐(DP)、Chla共11项监测指标作为分析变量,研究湖泊水体富营养化驱动因子,8个湖泊富营养化指标均值统计结果如表2-29所示。

表 2-29 8 个富营养化湖泊的监测指标均值统计结果

湖泊名称	WD/m	WT/℃	SD/m	pH	DO/(mg/L)	COD$_{Mn}$/(mg/L)	TN/(mg/L)	NO$_3^-$-N/(mg/L)	TP/(mg/L)	DP/(mg/L)	Chla/(mg/m³)
八里湖	3.46	24.24	0.50	8.10	9.24	3.442	1.667	1.150	0.094	0.027	13.12
陈家湖	3.94	24.73	0.50	7.95	9.10	2.959	0.478	0.156	0.108	0.043	24.04
大湖	2.24	21.38	0.42	7.05	9.77	3.835	0.666	0.275	0.070	0.010	15.44
芳湖	3.97	23.41	0.66	8.44	12.26	3.248	1.067	0.773	0.046	0.005	19.25
南北湖	3.15	20.63	0.42	8.21	10.12	6.801	0.889	0.626	0.080	0.006	28.19
太泊湖	2.48	21.26	0.36	8.31	9.41	3.350	0.804	0.499	0.080	0.022	19.99
瑶岗湖	2.84	26.09	0.46	7.74	8.29	3.895	0.293	0.079	0.109	0.007	27.54
瑶湖	2.02	20.82	0.41	7.79	9.44	3.863	0.997	0.552	0.116	0.037	25.90

运用 PASW Statistics 18 对变量进行方差最大旋转后求出的主成分分析法结果见表 2-30;主成分在各变量上的载荷分布,如图 2-40 所示。主成分分析法利用了降维思想,将多个变量转换成较少的几个综合变量,在最大限度保留原始数据信息的同时,也客观地确定了各变量的权重。由于该方法简单有效,在水环境分析评价方面得到国内外众多学者的青睐。

表 2-30 主成分分析法分析结果

主成分	特征值	贡献率/%	累计贡献率/%
1	2.735	24.864	24.864
2	2.580	23.459	48.323
3	2.542	23.112	71.435
4	1.734	15.759	87.194

由表 2-30 可知,前 4 项主成分的特征值都大于 1,且它们的累计贡献率达到 87.194%,包含了 8 个富营养化湖泊 11 项监测指标的大部分信息。

从图 2-40 中可以看出,与第一主成分相关性较大的监测指标有 3 个,分别是 TN、NO$_3^-$-N、pH;与第二主成分相关性较大的监测指标有 3 个,分别是 TP、DP 和 DO;与第三主成分相关性较大的监测指标也有 3 个,分别是 WD、SD 和 WT;与第四主成分相关性较高的的监测指标有两个,分别是 Chla 和 COD$_{Mn}$。

由此可见,利用主成分分析法可将江西省中小型湖泊水体富营养化的驱动因子分成四类:第一类驱动因子是以 TN、NO$_3^-$-N 为代表的含氮营养盐,该类型中的 pH 反映湖泊的酸碱度,经计算,所研究湖泊的平均值为 7.95,也符合富营养化湖泊水质呈弱碱性的特征;第二类驱动因子是以 TP、DP 为代表的含磷营养盐;第三类驱动因子是与湖泊自身特性有关的自然特征指标;第四类驱动因子为包括 Chla 和 COD$_{Mn}$ 在内的生物和有机物特性指标。

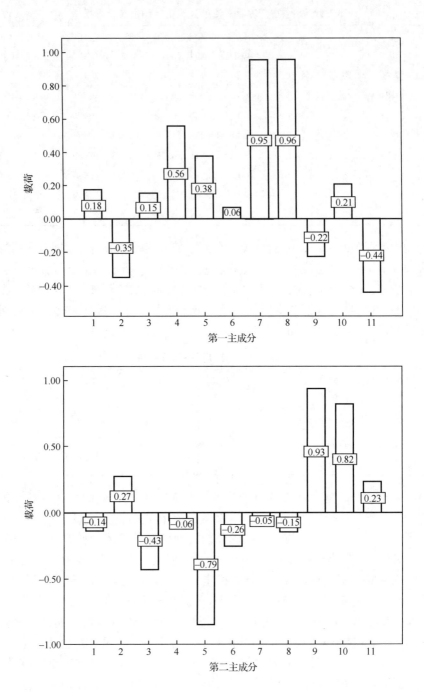

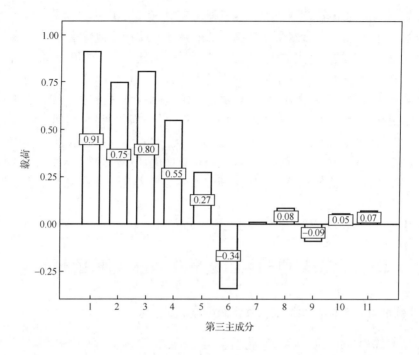

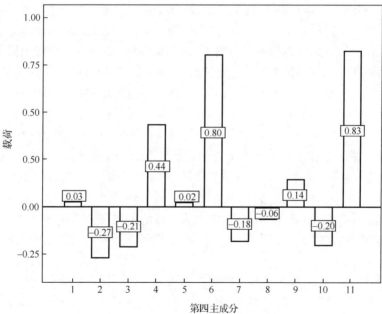

图 2-40 主成分因子在各变量上的载荷分布

1. WD；2. WT；3. SD；4. pH；5. DO；6. COD$_{Mn}$；7. TN；8. NO$_3^-$-N；9. TP；10. DP；11. Chla

目前,对湖泊水体富营养化状态的机理研究中,有三个影响因素是为大多数人所认同的,它们分别是适合水生动植物生长的温度、有助于藻类等浮游生物生长的水流速度及用以提供水生生物生长的氮、磷等营养成分。从表 2-30 中可以看出各主成分方差贡献率的值:第一主成分的贡献率最大,其值为 24.864%,但与第二主成分和第三主成分的值相差不大,这说明水体中氮、磷营养盐的含量和其自然特征的变化情况在驱动江西省中小型湖泊水体富营养化方面所起的作用相当并且较大;而第四主成分的贡献率最小,其值为 15.759%,由于 Chla 是表征水体中浮游植物生物量和生产力的一项重要指标,该项贡献率的大小反映了 COD_{Mn} 与水体富营养化间的关系,这说明江西省中小型湖泊水体富营养化受到有机污染物的影响不大。由以上分析可见,江西中小型湖泊水体中氮磷营养盐的含量、温度等自然特征的变化情况与湖泊水体富营养化的关系十分密切。

2.4 蒙新高原湖区富营养化状况及原因分析

2.4.1 蒙新高原湖区自然地理和社会经济概况

蒙新高原湖区位于我国北部,包括新疆、内蒙古两个自治区和甘肃省、河北省的西北部。蒙新地区地貌以波状起伏的高原或山地与盆地相间分布的地形结构为特征,河流和潜水向洼地中心汇聚,一些大中型湖泊往往成为内陆盆地水系的尾闾和最后归宿地,发育成众多的内陆湖泊,只有个别湖泊(如额尔齐斯河上游的喀纳斯湖、黄河河套地区的乌梁素海等)为外流湖。湖区内湖泊大致以黑河为界,以西多为构造湖,以东多小型风蚀湖,亦有部分构造湖。该区湖泊面积为 9411 km²,占全国湖泊总面积的 13.2%。区内面积大于 1 km² 的湖泊共有 772 个,大于 10 km² 的湖泊共 107 个,大于 50 km² 的有 50 余个。蒙新高原位于干旱半干旱地区,气候干燥,年降水量一般在 400 mm 以下,多数低于 250 mm,而蒸发量高达 2000 mm 以上。蒙新高原湖泊大部分靠冰雪融水补给,湖水的补给不足造成很多湖泊的矿化度较高,为 1~2 g/L,少数甚至高达 400~500 g/L,湖水盐度增大,湖泊多呈微咸水湖、咸水湖及盐湖;近 50 年来,由于人为因素的干扰,进入湖泊的水量减少,使很多湖泊湖面积、湖盆形态发生了很大变化,湖面迅速萎缩,部分湖泊最终形成干涸的荒漠。

蒙新高原湖区位于我国地形地貌第二级阶梯上,由于气候和地理等自然条件限制,国民经济主要以农业、畜牧业、渔业为主,工业基础较为薄弱,大部分是小型的乡镇企业,包括食品、皮革、羊毛等农副产品加工和一些轻工业企业,近年来湖泊周围旅游业发展也比较迅速。

2.4.2 蒙新高原湖区特征湖泊富营养化状况

湖泊富营养化是全球各国湖泊面临的主要问题之一,蒙新高原湖区内的湖泊也受到了威胁。根据文献,蒙新高原湖区的几个重点湖泊——呼伦湖、乌梁素海、博斯腾湖等都已经出现不同程度的富营养化,这些湖泊基本上受到农田退水、工业废水和城市生活污水的污染危害,造成有机废物和营养盐在湖泊水体和沉积物中不断富集。除人类活动影响外,湖泊所处的地理位置、湖区环境条件、湖盆成因演变、湖泊形态、湖水的补给和排泄方式等因素都对湖泊富营养化的形成和发展产生影响。

利用综合营养状态指数(TLI)法评价蒙新高原湖区重点湖泊的富营养化状态,结果如表 2-31 和表 2-32 所示,由评价结果可知,内蒙古自治区的郝驴驹和纳林湖水质较好,处于中营养状态,牧羊海和乌梁素海已经处于富营养化状态;新疆维吾尔自治区的喀纳斯湖和赛里木湖水质较好,都处于贫营养状态;博斯腾湖和乌伦古湖为中营养,而艾比湖和柴窝堡湖都已经处于富营养化或接近富营养化状态。

表 2-31 蒙新湖区重点湖泊营养状态评价

序号	湖泊名称	省(自治区)	年份	TLI(Σ)	营养状态
1	郝驴驹	内蒙古自治区	2010	45.5	中营养
2	纳林湖	内蒙古自治区	2010	49.7	中营养
3	牧羊海	内蒙古自治区	2010	53.3	轻度富营养
4	乌梁素海	内蒙古自治区	2009	60.8	中度富营养
			2010	62.2	中度富营养
5	博斯腾湖	新疆维吾尔自治区	2005	35.7	中营养
			2006	38.9	中营养
			2007	38.6	中营养
			2008	42.5	中营养
			2009	33.8	中营养
6	乌伦古湖	新疆维吾尔自治区	2008	48.5	中营养
			2009	45.8	中营养
7	喀纳斯湖	新疆维吾尔自治区	2008	26.9	贫营养
			2009	26.4	贫营养
8	艾比湖	新疆维吾尔自治区	2007	60.5	中度富营养
			2009	44.5	中营养
9	赛里木湖	新疆维吾尔自治区	2007	13.6	贫营养
			2009	12.7	贫营养

序号	湖泊名称	省（自治区）	年份	TLI(Σ)	营养状态
10	柴窝堡湖	新疆维吾尔自治区	2007	66.8	中度富营养
			2008	63.4	中度富营养
			2009	66.5	中度富营养

表 2-32　蒙新高原湖区典型湖泊自然地理特征及营养状态评价

湖泊名称	省份	TLI指数	营养状态	水深/m	海拔/m	温度/℃	AAP/mm	ASH/h	AFFP/d	AAE/mm	Chla/(mg/m³)
乌梁素海	内蒙古	62.2	富营养	1.12	1019	6.7	224	3186	152	1234	18.532
纳林湖	内蒙古	49.7	中营养	2.50	1040	7.8	115	3300	144	2199	2.703
喀纳斯湖	新疆	26.4	贫营养	120.10	1374	−1.0	600	2971	94	320	3.502
艾比湖	新疆	44.5	中营养	1.40	189	7.8	91	2723	190	1662	0.017
赛里木湖	新疆	12.7	贫营养	46.40	2073	0.5	350	2710	190	550	0.013
柴窝堡湖	新疆	66.9	富营养	4.18	1093	6.0	60	3100	145	2716	23.604
博斯腾湖	新疆	33.8	中营养	8.08	1045	8.3	65	3109	222	1881	1.461
乌伦古湖	新疆	45.8	中营养	8.00	470	3.4	113	2869	145	1830	4.51

2.4.3　自然地理因素与湖泊营养状态的关系

对蒙新高原湖区 8 个湖泊的 TLI 指数与平均水深、海拔、年均温和年平均蒸发量等自然地理因素进行曲线回归分析，探讨自然地理因素对湖泊营养状态的影响。由表 2-33 和图 2-41 可知，TLI 指数与平均水深拟合度较高，且 F 值的概率小于 0.05 的回归模型如下：

对数模型　$TLI = 59.419 - 8.533 \times \lg Depth$

二次模型　$TLI = 56.400 - 1.422 \times Depth + 0.010 \times Depth^2$

幂模型　$TLI = 63.124 \times Depth^{-0.254}$

统计量对比分析：比较以上三个模型的修正 R^2 值，由大到小的顺序依次为二次模型＞对数模型＞幂模型，由此可以判断拟合最好的是二次模型。方差分析的 F 值概率均小于 0.05；比较 F 值，F 值由大到小的顺序依次为对数模型＞幂模型＞二次模型。通过以上判断得出最佳模型为二次模型和对数模型。说明蒙新高原湖区的湖泊富营养化受到水深的影响，平均水深 20 m 以上的湖泊，水质较好，处于低营养水平，随着水深的持续增加，TLI 指数维持在一定水平以下。

表 2-33　TLI 指数与平均水深的模型汇总和参数估计值

模型	模型汇总					参数估计值			
	R^2	F	df_1	df_2	P	常数	b_1	b_2	b_3
线性模型	0.386	3.774	1	6	0.100	49.196	−0.269		
对数模型	0.611	9.411	1	6	0.022	59.419	−8.553		
倒数模型	0.382	3.705	1	6	0.103	32.080	33.806		
二次模型	0.750	7.507	2	5	0.031	56.400	−1.422	0.010	
复合模型	0.345	3.166	1	6	0.125	46.157	0.992		
幂模型	0.601	9.054	1	6	0.024	63.124	−0.254		
S 模型	0.361	3.390	1	6	0.115	3.338	0.985		
增长模型	0.345	3.166	1	6	0.125	3.832	−0.008		
指数模型	0.345	3.166	1	6	0.125	46.157	−0.008		
Logistic 模型	0.345	3.166	1	6	0.125	0.022	1.008		

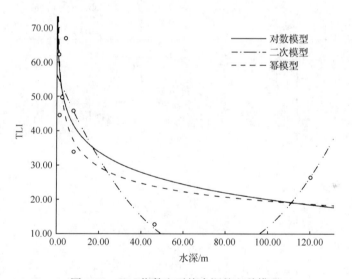

图 2-41　TLI 指数和平均水深的三种模型

TLI 指数与海拔的曲线拟合结果如表 2-34 和图 2-42 所示,拟合度较高的回归模型如下:

复合模型　　TLI=76.378×1.000^{Altitude}

增长模型　　TLI=exp(4.336−0.001×Altitude)

指数模型　　TLI=76.378×exp(0.001×Altitude)

Logistic 模型　TLI=1/(0+0.013×1.001Altitude)

统计量对比分析:四种模型拟合出的曲线重合为一条曲线,这四种模型 R^2 虽然较小,但 F 值较大,且 F 值的概率 P 值较小,所以这四种模型表征 TLI 指数和海拔的关系更为合适。蒙新高原湖泊 TLI 指数随海拔升高而趋于平缓,海拔越高,越不易富营养化。

表 2-34 TLI 指数与海拔的模型汇总和参数估计值

模型	模型汇总					参数估计值			
	R^2	F	df_1	df_2	P	常数	b_1	b_2	b_3
线性模型	0.299	2.553	1	6	0.161	60.848	−0.017		
对数模型	0.103	0.691	1	6	0.438	95.782	−7.845		
倒数模型	0.021	0.126	1	6	0.735	40.213	1630.92		
复合模型	0.478	5.495	1	6	0.058	76.378	0.999		
幂模型	0.197	1.476	1	6	0.270	345.994	−0.325		
S 模型	0.058	0.368	1	6	0.566	3.522	81.944		
增长模型	0.478	5.495	1	6	0.058	4.336	−0.001		
指数模型	0.478	5.495	1	6	0.058	76.378	−0.001		
Logistic 模型	0.478	5.495	1	6	0.058	0.013	1.001		

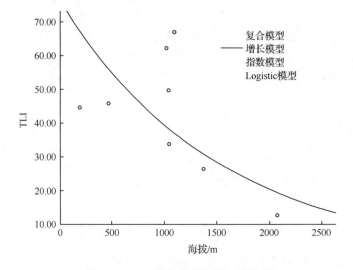

图 2-42 TLI 指数和海拔的四种模型

温度是影响湖泊营养状态的重要气候因素,表 2-35 和图 2-43 是对蒙新高原湖区 8 个湖泊 TLI 指数和年均温的相关性分析,由此结果可以看出,TLI 指数与年均温(Tem)的模拟曲线符合三次模型:

$$TLI = 15.363 - 3.935 \times Tem + 5.612 \times Tem^2 - 0.588 \times Tem^3$$

8个湖泊的TLI指数和年均温相关性非常符合三次模型，R^2可以达到0.988，F值也远高于其他模型，且F值概率小于0.001。

表 2-35 TLI 指数与年均温的模型汇总和参数估计值

模型	模型汇总					参数估计值			
	R^2	F	df_1	df_2	P	常数	b_1	b_2	b_3
线性模型	0.388	3.803	1	6	0.099	27.231	3.143		
对数模型						0.000	0.000		
倒数模型	0.121	0.825	1	6	0.399	44.650	−7.651		
二次模型	0.595	3.667	2	5	0.105	25.471	11.060	−1.051	
三次模型	0.988	112.350	3	4	0.000	15.363	−3.935	5.612	−0.588
复合模型	0.448	4.873	1	6	0.069	23.323	1.107		
幂模型						0.000	0.000		
S模型	0.263	2.145	1	6	0.193	3.733	−0.339		
增长模型	0.448	4.873	1	6	0.069	3.149	0.101		
指数模型	0.448	4.873	1	6	0.069	23.323	0.101		
Logistic模型	0.448	4.873	1	6	0.069	0.043	0.904		

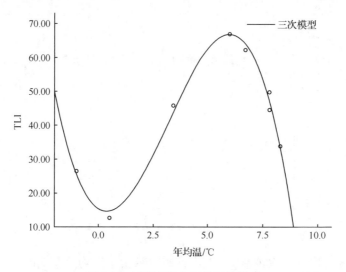

图 2-43 TLI 指数和年均温的模型

表 2-36 和图 2-44 是 8 个湖泊 TLI 指数与年平均蒸发量的相关性分析，其中拟合度较高的模型包括：

复合模型　TLI=17.986×1.000^{AAE}

Logistic 模型　TLI=1/(0+0.056×1.000^{AAE})

三次模型虽然 R^2 最高,但是 F 值较低,且 F 值的概率大于 0.05。四个模型拟合出一条重合的曲线,TLI 指数随着年平均蒸发量的持续增长而增大。

表 2-36 TLI 指数与年均温的模型汇总和参数估计值

模型	模型汇总					参数估计值			
	R^2	F	df_1	df_2	P	常数	b_1	b_2	b_3
线性模型	0.535	6.917	1	6	0.039	17.539	0.016		
对数模型	0.520	6.503	1	6	0.043	−82.850	17.546		
倒数模型	0.433	4.586	1	6	0.076	55.458	−12313.946		
复合模型	0.541	7.086	1	6	0.037	17.986	1.000		
幂模型	0.534	6.880	1	6	0.039	0.848	0.533		
S 模型	0.422	4.372	1	6	0.081	4.025	−364.018		
增长模型	0.541	7.086	1	6	0.037	2.890	0.000		
指数模型	0.541	7.086	1	6	0.037	17.986	0.000		
Logistic 模型	0.541	7.086	1	6	0.037	0.056	1.000		

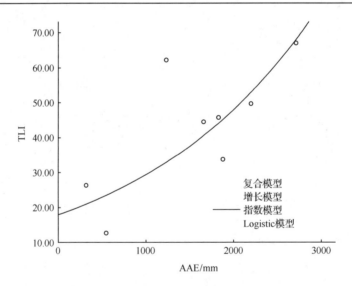

图 2-44 TLI 指数和年平均蒸发量的模型

TLI 指数与年平均降水量、年平均日照时数及年平均无霜期的拟合模型都不能满足 F 值的概率小于 0.05 的要求,因此,以上三个自然地理因素对蒙新高原湖区湖泊富营养化状态的影响较小。

2.4.4 蒙新高原湖区浮游植物生物量与自然地理特征的相关性分析

对 8 个湖泊的 Chla 浓度与平均水深、海拔、年均温、年平均降水量、年平均日照时数、年平均无霜期及年平均蒸发量进行曲线回归分析,发现 Chla 仅与年均温和平均日照时数拟合度较好。

Chla 与年均温相关性符合三次模型(表 2-37 和图 2-45):

$$\text{Chla} = -2.284 - 3.621 \times \text{Tem} + 3.196 \times \text{Tem}^2 - 0.334 \times \text{Tem}^3$$

Chla 表征的是湖水中藻类的含量,藻类生长受湖水温度影响大,随着温度升高,藻类含量逐渐上升,达到一个最适宜温度后开始下降,符合微生物生长的规律。

表 2-37　Chla 与年均温的模型汇总和参数估计值

模型	模型汇总					参数估计值			
	R^2	F	df_1	df_2	P	常数	b_1	b_2	b_3
线性模型	0.036	0.221	1.000	6.000	0.655	4.433	0.478		
对数模型						0.000	0.000		
倒数模型	0.026	0.162	1.000	6.000	0.701	7.239	−1.795		
二次模型	0.290	1.019	2.000	5.000	0.425	3.452	4.888	−0.585	
三次模型	0.792	5.075	3.000	4.000	0.075	−2.284	−3.621	3.196	−0.334
复合模型	0.021	0.129	1.000	6.000	0.732	0.701	1.125		
幂模型						0.000	0.000		
S 模型	0.317	2.783	1.000	6.000	0.146	0.719	−1.989		
增长模型	0.021	0.129	1.000	6.000	0.732	−0.355	0.117		
指数模型	0.021	0.129	1.000	6.000	0.732	0.701	0.117		
Logistic 模型	0.021	0.129	1.000	6.000	0.732	1.426	0.889		

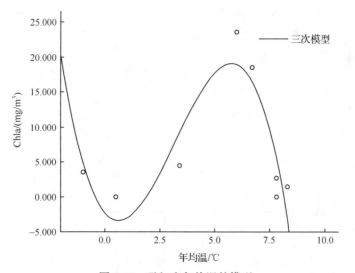

图 2-45　Chla 和年均温的模型

Chla 与平均日照时数相关性符合 S 模型和幂模型(表 2-38 和图 2-46)。

S 模型:$Chla = \exp(31.894 - 9.445E+04/ASH)$

幂模型:$Chla = 1.859(E-109) \times ASH^{31.313}$

两种模型相比,S 模型的相关度更好,F 值更大,F 值的概率小于 0.05,因此,S 模型为最佳模型。

表 2-38　Chla 与平均日照时间的模型汇总和参数估计值

模型	模型汇总					参数估计值			
	R^2	F	df_1	df_2	P	常数	b_1	b_2	b_3
线性模型	0.212	1.618	1	6	0.250	$-5.120E+01$	0.019		
对数模型	0.221	1.699	1	6	0.240	$-4.628E+02$	58.682		
倒数模型	0.228	1.775	1	6	0.231	66.125	$-1.769E+05$		
二次模型	0.327	1.216	2	5	0.371	$-8.008E+02$	0.524	$-8.461E-05$	
三次模型	0.332	1.240	2	5	0.365	$-5.569E+02$	0.275	0.000	$-9.551E-09$
复合模型	0.593	8.746	1	6	0.025	$4.484E-14$	1.010		
幂模型	0.616	9.605	1	6	0.021	$1.859E-109$	31.313		
S 模型	0.637	10.538	1	6	0.018	31.894	$-9.445E+04$		
增长模型	0.593	8.746	1	6	0.025	$-3.074E+01$	0.010		
指数模型	0.593	8.746	1	6	0.025	$4.484E-14$	0.010		
Logistic 模型	0.593	8.746	1	6	0.025	$2.230E+13$	0.990		

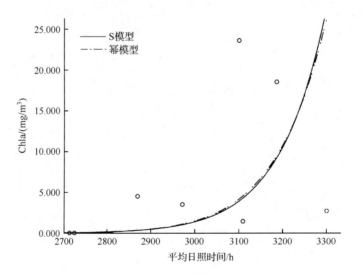

图 2-46　Chla 和平均日照时间的两种模型

通过分析位于蒙新高原湖区的8个湖泊的湖盆形态、气候特征与湖泊中Chla浓度及营养状态综合指数(TLI)之间的关系,发现Chla浓度与年平均日照时数具有较好的相关性,TLI指数与水深、海拔及年均温的拟合模型分别符合三次对数、二次和三次模型。说明位于蒙新高原湖区的湖泊富营养化受到水深、海拔、年均温、年平均日照时数及年均蒸发量等因素的影响。

2.4.5 蒙新高原湖区营养状态变化趋势及原因分析

蒙新高原湖区大部分地域由于自然条件的限制,人口较少,受人类活动的影响较轻,湖泊富营养化问题曾经并不突出。但是近年来,蒙新高原的大部分湖泊都受到了富营养问题的威胁。根据以上的分析结果,除了喀纳斯湖和赛里木湖,其他湖泊都已经处于富营养化阶段或马上进入富营养化阶段。蒙新高原湖区的湖泊富营养化进程加快主要是两方面的原因:一方面,近几十年来蒙新高原气候变化幅度较大,温度升高、降水量减少,日照时间增长使得湖泊补给水量减少,湖泊急剧萎缩;另一方面,人类活动导致入湖污染物增多,尤其是氮磷等有机污染物使湖中营养盐增加,藻类生物量增大。

具体到湖泊,每个湖泊富营养化的原因有所区别。

1. 呼伦湖

营养盐主要通过以下几个途径进入呼伦湖中。

1) 降尘

降尘是呼伦湖污染物来源的重要途径,每年入湖的降尘量约为64400.7 t/a,其中总氮和总磷分别为372 t/a和201.6 t/a。

2) 降水

降雨和降雪中含有大量的污染物质,计算结果表明,入湖降雨量达8.83×10^8 m^3,随之带入湖水氮、磷量分别为419.6 t和29.4 t。降雪入湖水量虽小,但带入湖内者也不可忽略。

3) 干草入湖

根据文献,干草主要有两种方式:①冰面附着量,春季冰融之前,冰面中午时变软,随风飘落的干草被黏附在冰面上,如此反复达一个月以上,数量可观。经采集草样分析得出,每年入湖干草1.58×10^6 kg,含氮量为2.1×10^4 kg,含磷量为8.9×10^3 kg。②冰封季干草入湖量,冰封以外季节随风入湖干草量不易进行现场实验,只能采取估算。此湖区鲜草产量为$4.47 \sim 7.46$ kg/hm^2,折算干重系数为13.3%,按2985 kg/hm^2计,干草产量为398.28 kg/hm^2,整个西北部湖区面积4430 km^2,鲜草面积8.9×10^4 hm^2相当于干草1.768×10^8 kg/a。若我们只认为其1%可入湖,则有1.768×10^6 kg入湖,按草样氮磷含量折算此项入湖氮为$2.3 \times$

10^4 kg,磷为 $9.7×10^3$ kg。

4) 地表径流

克鲁伦河、乌尔逊河是呼伦湖的主要补给水源,新开河是吞吐性河流,三条河的年入湖水量为 $1722×10^9 m^3$,占年入湖总水量的 58.1%,占库容的 13.1%。三条河氮、磷的输入分别占总输入的 51.27% 和 40.74%。所以,无论是在水量上还是输入负荷方面均占绝对优势,尤其是克鲁伦河是主要污染源。

2. 乌梁素海

乌梁素海中营养盐主要来源于河套灌区的全部工业和生活污水的排放,附近农田灌溉的退水。

通过总排干向乌梁素海排放污物的旗县和企业主要是临河市、杭锦后旗、五原县、乌拉特前旗的大大小小的造纸厂、酒厂、糖厂、化肥厂、皮毛加工厂等企业共计 250 多家。据有关部门统计,这些工厂每年排到乌梁素海的污染物约 3500 多万立方米,计 1600 万吨。未经处理的医疗卫生和城镇生活污水年排放量达 700 万吨,也排放进乌梁素海。

河套农民每年用于农田的化肥到 2002 年时已经超过了 52 万吨,化肥的利用率仅为 30%,其余都在农田灌溉时随退水进入乌梁素海。这样的水占乌梁素海水量的 90%,营养物进入乌梁素海中犹如农田施肥一般,促使乌梁素海水生植物迅猛增长,年产量达 25 万吨以上的水生植物生长要消耗大量的溶解氧,导致湖中鱼类窒息。

乌梁素海中大量氮、磷元素的积累,加上乌梁素海自身光照的充足,为大型水生植物提供了良好的生存环境。尽管大型植物对水质有净化作用,但留在水下芦苇的腐败和沉水植物自生自灭对水质的影响,加速了乌梁素海由草型化到沼泽化的进程。

3. 博斯腾湖

根据文献,博斯腾湖面临最主要的环境问题是水体的盐化和水位的下降。但是近年来,随着焉耆盆地工业生产的不断发展,每年约有 $8.37×10^6 m^3$ 的工业废水以各种形式排入博斯腾湖,带入大量的污染物,其中 COD_{Mn} 15 339 t、BOD 6797 t、TN 362 t、TP 23 t,同时灌区使用化肥,氮素流失随排水入湖,使得湖区的总氮和高锰酸盐指数偏高,成为主要的污染物。

博斯腾湖中氮磷元素的污染主要来自以下几个方面:

1) 农业灌溉及施肥

博斯腾湖地处焉耆盆地最低处,很自然成为焉耆盆地的纳污区。焉耆盆地农业发达,素有"巴州粮仓"称号。农业灌溉面积较大,肥料的流失量也大,十余条入湖排渠是博斯腾湖流域水环境中氮、磷污染物的主要来源之一。

2) 工业废水

焉耆盆地目前尚有 10 家企业的废水排入博斯腾湖,它们都是通过黄水总干排等排渠排入的,主要有造纸厂、糖厂和番茄酱厂等。焉耆盆地年排入博斯腾湖的工业废水总量约为 $5 \times 10^6 \, m^3$,主要污染物是 COD,年排放量 11 214 t;其次为 BOD,年排放量 7029 t;再次是 SS,年排放量 2431 t。

3) 生活污水

随着焉耆盆地人口增加,生活污水急剧增加。目前每年有 700 多万立方米生活污水直接或通过入注河流排放进入博斯腾湖。

另外,湖水中污染物的来源也包括湖面降水、降尘,这是两种典型的非点源污染源,其污染物带入量取决于大气污染程度的大小。总体来说,氮磷等污染物的入湖量远大于出湖量,造成湖中富营养盐的累积,博斯腾湖水质恶化。

2.5 青藏高原湖区富营养化状况及原因分析

2.5.1 青藏高原湖区自然地理和社会经济概况

青藏高原是世界上最高、地形最复杂的高原,平均海拔在 4000 m 以上。该区域的多数湖泊为内陆封闭湖泊。面积在 1.0 km² 以上的湖泊 1091 个,合计总面积 44 993.3 km²,约占全国湖泊总面积的 49.5%,是地球上海拔最高、数量最多、面积最大的湖群区,也是我国湖泊分布密度最大的两大稠密湖群区之一。湖泊成因类型复杂多样,但大多数发育在一些和山脉平行的山间盆地或巨型谷地之中,其中大中型的湖泊,如青海湖、纳木错等,都是由构造作用所形成。湖盆陡峭、湖水较深,还有一些中小型湖泊分布在峡谷区,属冰川湖或堰塞湖类型。

该区域气候严寒而干旱,属高寒气候带。冬季湖泊冰封期较长,降水较少,冰雪融水是湖泊补给的主要形式,湖泊水情虽有季节性变化,但水位变幅普遍较小;在强烈的蒸发作用下,湖水入不敷出,湖面在不断缩小,干化现象严重。湖水冬季结冰,冰期长达 4~7 个月。湖泊在近些年多处于萎缩状态,往往在滨岸区留有多级古湖岸砂堤。由于地处高原,加之地域广阔,虽然青藏高原湖泊变化主要受控于气候条件,但湖泊补给条件差异较大,有些湖泊以降水补给为主,有些以冰雪融水为补给主,还有一些以降水和冰雪融水混合补给,因此在湖泊变化中表现出较大的差异。

青藏高原地区太阳辐射强烈,是我国日照时数最多的地区之一。这里光资源丰富,但热量不足,西部水分欠缺。由于地形的原因,藏东南受西南季风影响,造成丰沛的降水,年降水量多达 3000~5000 mm,有热带雨林、季雨林分布,雅鲁藏布江河谷降水量在 400 mm 左右,而柴达木盆地的冷湖年降水 17.6 mm。最多降水量是最少降水量的 200 倍。高原腹地,降水急剧减少。由于湖泊群大多深居高原腹地,湖泊多是内陆河流的尾闾和汇水中心。在冰川覆盖的流域内,湖泊变化不仅与降水有关,而且也与气温有关。当流域有冰川存在时,在考虑了气温因素后相关程度均有所提高,在冰川面积较大的流域气温因素的影响更加显著。该区以咸水湖和盐湖为主,盐、碱等矿产资源是该区湖泊资源开发利用的主要对象。但随着社会经济的发展,为数不多的淡水湖对水资源的开发无疑是有重要意义的。

青藏高原湖区流域处于我国第一级阶梯上,由于气候和地理等自然条件限制,流域内的土地利用类型主要是农耕地、牧草地、林地、建筑用地及未开发利用的储备用地等。国民经济主要以农业、畜牧业、渔业为主,工业基础较为薄弱,流域内没有大型工业设施和现代工业企业。大部分是小型的乡镇企业,多为畜产品加工、食品生产、建材、皮革、羊毛等农副产品加工和一些轻工业企业。近年来,随着旅游业的蓬勃发展,湖泊周围经济发展也比较迅速。例如,纳木错和青海湖等已经成为旅游胜地。

2.5.2 青藏高原典型湖泊水质状况及趋势分析——青海湖

青海湖流域地处青藏高原东北部,既是连接青海省东部、西部和青南地区的枢纽地带,又是通达甘肃省河西走廊、西藏自治区、新疆维吾尔自治区的主要通道。其四周分界线为:东至日月山脊与西宁市所属湟源县相连;西邻敖仑诺尔、阿木尼尼库山与柴达木盆地、哈拉湖盆地相接;北至大通山山脊与大通河流域分界;南至青海南山山脊与茶卡-共和盆地分界。地理位置介于 $36°15′\sim38°20′N$,$97°50′\sim101°20′E$ 之间,流域面积 29 661 km^2,海拔 3196~5174 m。青海湖流域行政区划上分别属于海北藏族自治州的刚察县和海晏县,海西蒙古族自治州的天峻县,海南藏族自治州的共和县,其范围涉及 3 州,4 县,25 个乡(镇),青海湖地理位置及流域分布如图 2-47 所示。

青海湖流域地势西北高,东南低,四周群山环绕,为一封闭盆地。东西狭长,形若四边形,东部较宽,西部较窄。东西长约 106 km,南北最宽处 63 m,西宽东窄,最窄处约 20 m,湖周长约 325 km,湖水面积 4264 km^2,湖水容量 7.43×10^{10} m^3,湖面高程 3194 m,最大水深 26 m,平均水深 16 m,是全国最大的咸水湖。山地面积占 68.6%,平原面积 31.4%。在湖区内形成三级夷平面(4200~4600 m,3800~4000 m,3500~3600 m)。地貌类型复杂多样,从低到高有湖滨平原、冲积平原、低山、中山和高山,并有冰缘台地和现代冰川。湖西布哈河入湖处河道曲折分散,形成冲击三角洲;湖北面的多条支流的共同作用,在河岸形成冲积平原,使湖区全部形成湖积平原;湖南部靠近青海南山脚下为低山丘陵,地面多起伏不平,且向湖区倾斜,形成山前破碎斜坡,到湖区时形成宽广的山前洪积-湖积平原;湖东面为倒淌

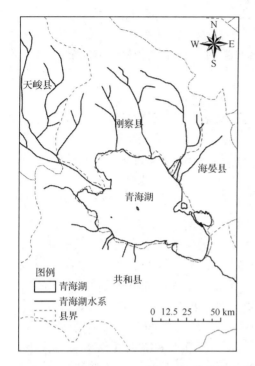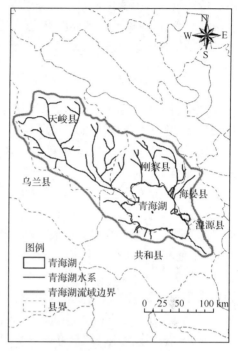

图 2-47　青海湖及青海湖流域分布示意图

河谷地,河谷宽 5 km,形成一级阶地,入湖处是沼泽湿地,湖东部地区还分布有大片新月形沙丘;湖中的海心山、海西皮山因受湖水长期侵蚀,形成规模宏大的湖蚀穴、湖蚀岸和湖蚀阶地。

由于入湖水量入不敷出,导致湖面水位下降幅度增大,资料显示,1955~1985 年的 30 年间,湖水平均每年下降 10 cm,近两年湖水下降趋势已停止,水面略有上升。青海湖岸线长 360 km,岸线发育系数为 3.11,年入湖水量与年消耗量的比率为 0.87∶1,湖盆发育系数为 1.85。青海湖浮游植物初级生产力较低,按 Wetzel 的湖泊分型标准,2008 年杨建新等将其归于贫营养类型。

青海湖湖区原是一个连在一起的古老陆地(由三叠系的大向斜),后来经过三次构造运动,逐渐断陷而形成盆地。古青海湖是河湖共存,湖水与黄河相通。距今 13 万年前,强烈的造山运动,使古湖的西部与柴达木盆地分开,东部日月山隆起,迫使黄河水向西流,形成今日的倒淌河,将原来的外泄湖变成了闭塞湖,属于新构造断陷湖泊。

青藏高原是我国乃至全球生态环境很脆弱、很敏感地区之一,这使青海湖具有高原自然生态环境的脆弱性,主要表现为生态系统结构简单、生产力水平低、稳定性差和自我恢复能力弱等特点,容易因外界因子的干扰和破坏而发生变化。青海湖流域的生态系统变化是一个动态的发展过程。受气候干暖化趋势及湖区人类活动的综合影响,流域整体环境呈现恶化趋势。区域沙漠化扩展亦表现加速趋势。人类活动作为区域生态系统的催化和诱导因素,使流域生态变化更加复杂。

1. 青海湖水位变化历程及影响分析

青海湖的水位经历了多次升降波动,出现明显的直线下降趋势是在近百年间,特别是20世纪20年代末以来最为明显。1908年,俄国学者测量的水位是海拔3205 m,之后的1908~1986年间,湖水位下降了11 m,平均每年下降13.9 cm,水面面积缩小676 km²。分析1959~2000年42年间青海湖水位变化,1959~1988年的30年间水位降低了2.96 m,平均每年降低10.2 cm;1988~2000年的13年间水位又降低了39 cm,平均每年降低3 cm。可以看出湖水位呈现持续下降趋势,但下降趋势已明显趋缓,速率为每年8.2 cm。1959~2000年青海湖水位总计下降3.35 m,面积退缩288.3 km²。青海省水文水资源局的勘测表明,1962年青海湖含盐量为12.49 g/L,到1986年增加为14.15 g/L,此后有的年份达到了16 g/L。同时由于青海湖水体含盐量较高,平均pH已由过去的9上升到9.2以上,有的水区高达9.5。在水位下降、水域面积退缩的状况下,水质亦发生了明显的改变。近三十年来,青海湖流域现代气候朝着Ca^{2+}、Mg^{2+}、CO_3^{2-}、HCO_3^-及SO_4^{2+}浓度减小,Na^+、K^+及Cl^-浓度增加方向演化。在今后若干年内,如果气候仍然持续向着干旱趋势发展,湖水总矿化度还会持续增加,并且其各化学组分浓度分配还将持续发生变化,最终可能导致尕海首先进入盐湖发展的早期阶段,而只要气候持续干旱的渐变过程中突发性干旱灾害不发生,青海湖本身就不会在短期内变为盐湖。

2. 青海湖水质现状及变化趋势

1) 矿化度

青海湖是我国内陆面积最大的高原内陆咸水湖,其含盐量为12.3~15.5 g/L,比海水含盐量低,又比淡水含盐量高。根据孙大鹏等(1991)的研究结果,青海湖是一个典型的大陆水体。湖水中阳离子主要为Na^+、Mg^{2+}、K^+、Ca^{2+}(含量从大到小),阴离子主要为Cl^-、SO_4^{2+}、HCO_3^-、CO_3^{2-}(含量从大到小);若与海水相比,在化学组成、特征系数和水化学类型等方面有着明显区别。青海湖湖水在化学组成相对均一,其原因可能是:①青海湖平均水温较低(约5.2℃),水温的日变化较小,水生生物及藻类繁衍受到抑制,减弱了营养盐的利用及碱度的波动幅度;②青海湖秋冬、春夏时节水温有明显正温层和逆温层现象,有利于湖水盐分的垂直扩散;③青海湖四季多风,风力强劲,产生的湖流活动和浪力作用有利于湖水盐分的水平扩散。

青海湖气候比较干燥,风沙作用强,湖水补给量小于蒸发量(近两年有所缓解),在青海湖北部逐步分割形成许多小湖,这些湖的湖水在盐度和主要化学成分含量上都比青海湖高,目前正处于盐湖演化的早期阶段。近三十年来,青海湖湖水本身的盐度在明显增加,这些均说明了青海湖正缓慢地向盐湖方向发展。根据杨建新等(2005)的研究结果,1962年青海湖矿化度为12.49 g/L,1981年为13.28 g/L,1986年为14.15 g/L,1988年为14.20 g/L,26年间矿化度增加了1.71 g/L,年均递增率为6.58%。进入20世纪80年代以来,年递增率已达13.14%,2005年为15.3 g/L,2010年的监测数据为13.43 g/L,与前期数据相比有所降低,可能与湖水量缓慢增加有关。青海湖与其他内陆湖相比,矿化度高是较为突出的特点,青海湖在2008年湖泊分型标准中被评为贫营养型湖泊。从海洋赤潮发生的成因看,当水体为缓流状态时,营养物质的大量输入会造成海洋赤潮的发生,可见矿化度并不能完全抑制富营养化的发生,但是其影响程度尚不确定。由图2-48可以看出青海湖矿化度在季节和地区分布上差异不是很大,相对来说5月矿化度较7月和9月稍高,这可能与青海湖流域雨季始于5月中旬,终于9月上旬有关。由于河流淡水稀释作用,布哈河入湖口和黑马河入湖口两处的矿化度较其他地区稍低。

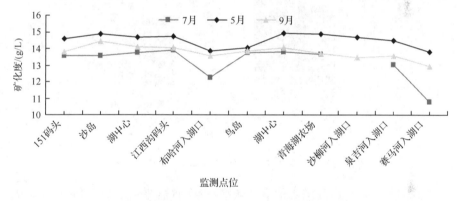

图2-48 青海湖矿化度在季节和区域分布上的差异

2)水温、溶解氧、pH、总碱度

青海湖春季和秋季湖水表层和底层水温接近一致。夏季有明显的正分层现象,表层湖水平均水温可达16℃,最高达22.3℃,湖底的平均水温为9.5℃,温跃层位于水面以下20 m处。冬春和秋冬季水体呈逆温现象,冰下水温-0.5℃左右,底部平均水温3.3℃。青海湖年平均水温约为5.2℃,水温的日变化较小,与国内其他湖泊的年平均温度10~20℃相比,水温低也是青海湖的一大特征,成为抑制青海湖营养状态的主要因素。由本次监测的数据分析得出:青海湖水温在5月、7月时随水深的增加而降低,9月时随深度增加水温无明显变化。

青海湖每年10月末至11月初出现0℃,并有初冰。11月下旬至翌年4月初为冰期,封冻期100～129天,一般冰厚30～45 cm,最大冰厚68 cm,冰面较平坦。冰盖破裂,湖面出现浮冰时,在风作用下,常可形成冰山,最大体积达数十立方米。4月中旬以后,浮冰消尽。由于青海湖地处我国东部季风区、西北干旱区和南部青藏高寒区交汇地带,并因自身的"湖泊效应"具有明显的地区性气候特点。可概括为气候干旱少雨,太阳辐射强烈,气温日差较大。青海湖流域气候的另一个特点是湖陆风盛行。这些自然因素导致青海湖的水温(全年平均较低,约为5.2℃)与南方的鄱阳湖、洞庭湖、太湖、洪泽湖等的水温差异较大,如太湖,历年的最高水温达38℃,最低水温为0℃。历年的平均水温为17.1℃。

图2-49是2004～2006年青海湖平均水温与本次调查测得平均水温的季节对比图,从图中可以看出,9月和5月的水温变化较大,7月水温变化较小,表明青海湖春秋两季气候不够稳定,气温变化较大。

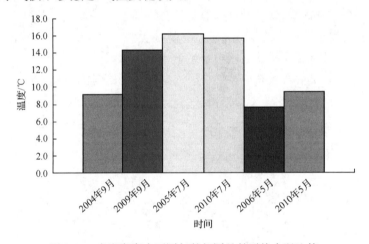

图2-49　青海湖湖水不同年份相同月份平均水温比较

从监测资料看,青海湖湖水的DO较高,青海省监测站于2004～2006年的监测数据显示平均为6.54 mg/L,本次监测2009年9月为7.64 mg/L,2010年5月为7.55 mg/L,2010年7月为6.70 mg/L,三次监测平均值为7.36 mg/L。从三次监测值看,7月DO相对较低,这与7月日照时间长、气温较高、水生生物生长相对繁盛、需氧量高有关。图2-50是2004～2006年青海湖DO与本次调查测得DO的季节对比图,从图中可以看出,青海湖湖水DO值呈现9月＞5月＞7月的规律。

青海湖湖水pH水平分布和年度变化都不大。就青海省环境监测中心站2004～2006年青海湖水环境质量检测报告数据与本次监测数据来看,pH的范围在9.0～9.2。图2-51为2004～2006年青海湖pH与本次调查测得pH的季节对比图。从图中可看出,2004～2006年监测结果显示5月和9月pH相近,7月变化明显;本次监测结果仍显示5月和9月pH相近,7月则有明显变化。

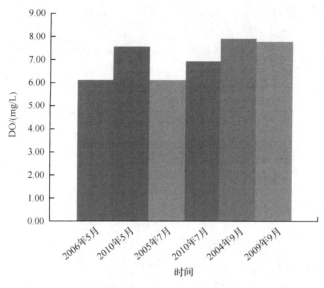

图 2-50　青海湖湖水不同年份相同月份平均 DO 比较

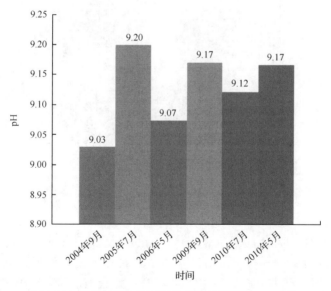

图 2-51　青海湖湖水不同年份相同月份平均 pH 比较

青海湖湖水的相对密度为 1.009～1.010,离子总量 12 489.95 mg/L,含氯量 8540 mg/L,水型为氯化物类钠组Ⅲ型水,属半干旱高山草原区半咸水水体。由图 2-52 可以看出,青海湖总碱度呈现递降趋势,2002 年青海湖湖区平均碱度为 1593 mg/L,2003 年为 1449 mg/L,2004 年为 1485 mg/L,本次监测 2009 年 9 月为 1463 mg/L,2010 年 5 月为 1397 mg/L,2010 年 7 月为 1236 mg/L,三次监测平均值为 1365 mg/L。从本次监测结果看，7 月碱度相对较低（图 2-53）。

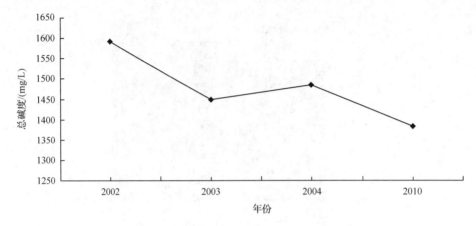

图 2-52 青海湖湖水总碱度年际变化趋势

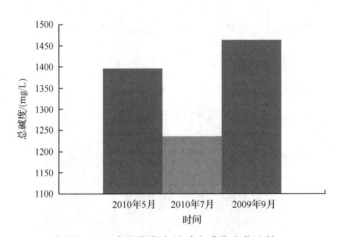

图 2-53 青海湖湖水总碱度季节变化比较

3）高锰酸盐指数

高锰酸盐指数（COD_{Mn}）是反映水体中有机及无机可氧化物质污染的常用指标，青海湖监测站 2004～2006 年分别于 9 月、7 月、5 月对其作了监测。图 2-54 显示了青海省环境监测中心站 2004～2006 年高锰酸盐指数监测结果与本次监测结果，图中可看出，除青海省环境监测中心站 2004 年 9 月监测数据差别较大外，近几年青海湖湖水高锰酸盐指数变化很小，表明湖水中有机和无机还原性物质含量变化比较稳定。

图 2-55 显示了 2009 年 9 月、2010 年 5 月和 7 月的高锰酸盐指数的分布情况，由图可以看出，高锰酸盐指数的地区分布差异较小，5 月数值较高，位于Ⅱ类和Ⅲ类水体之间，7 月和 9 月多位于Ⅰ类和Ⅱ类水体之间。5 月高锰酸盐指数高可能源

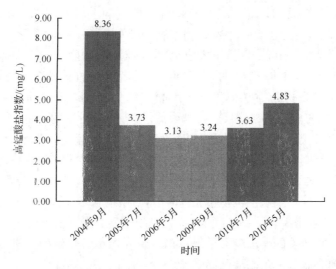

图 2-54　青海湖湖泊高锰酸盐指数季节变化

于封湖期湖水中还原性物质的积累,7 月和 9 月河流入湖口处高锰酸盐指数相对较高,7 月为沙柳河与黑马河入口,9 月为布哈河。

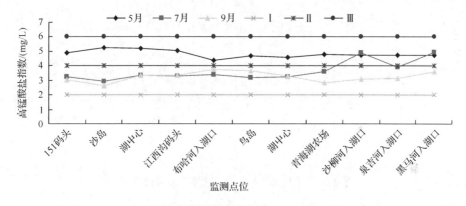

图 2-55　青海湖高锰酸盐指数季节和区域分布差异

4) 营养盐及时空分布

青海湖地处青藏高原东北部,地域偏僻,人口稀少,工业欠发达。因青海湖营养物质输入较贫乏,湖水水温较低,所以青海湖浮游植物初级生产力较低,属贫营养型湖泊。资料显示,1985～1988 年期间青海湖 TN 和 TP 的年平均值分别为 0.22 mg/L 和 0.02 mg/L,N/P 为 11.0。青海湖裸鲤救助中心等机构在 2002～2004 年间对青海湖水体指标进行了动态监测,结果表明青海湖磷化合物含量较低(全湖均小于 0.01 mg/L)属于磷限制型湖泊。但是,随着环湖地区农牧业发展需要及青海湖旅游资源的开发,青海湖营养盐指标呈现上升趋势。本次监测湖水总磷平均值为 0.096 mg/L,高于 2004~2006 年监测的平均值 0.027 mg/L;氨氮平均值为 0.16 mg/L,高于 2004~2006 年监测的平均值 0.02 mg/L。

青海省环境监测中心站监测的数据和本次监测数据显示(图 2-56),湖水总磷含量 5 月高于 7 月,7 月高于 9 月,存在明显的季节差异性。磷含量变化总体上呈现单峰变化,春末夏初最高,为 0.14 mg/L,劣于《地表水环境质量标准》(GB 3838—2002)0.2 L 的Ⅴ类水质标准值;秋末最低,为 0.05 mg/L,符合 0.05 mg/L 的Ⅲ类水质标准值;封湖期磷含量逐渐恢复直至来年水生生物繁盛期到来前达到最高。其原因可能是,5 月湖水解冻时间不长,水温较低,日照时间相对较短,微生物及水生生物生长繁殖处于相对低的水平,使得湖水中积累的磷未被充分利用。7 月是一年中较适宜微生物及水生生物生长的时节,对磷需求增大,磷的消耗速率大于补给速率,致使湖水中磷含量持续减少。9 月湖水中磷含量进一步持续减少,表明微生物及水生生物对磷的需求量大于外源输入磷和内源转化磷的总量,这从另一个侧面说明青海湖属于磷限制型湖泊。

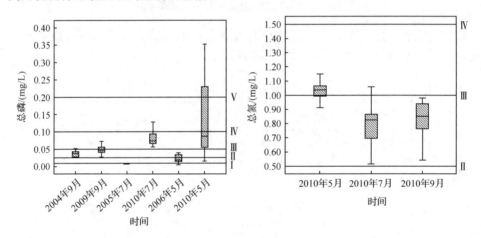

图 2-56 青海湖湖泊营养盐浓度季节变化差异

由图 2-56 可以看出不同监测点位不同月份总磷浓度的差异,5 月份 151 码头、鸟岛、青海湖农场、沙柳河入湖口各点总磷浓度均超过了 0.2 mg/L 的Ⅴ类水质标准值,沙岛和江西沟码头接近 0.1 mg/L 的Ⅳ类水质标准值,其他个点均优于 0.05 mg/L 的Ⅲ类水质标准值。7 月份江西沟码头、布哈河入湖口、湖中心和沙柳河入湖口各点超过了 0.1mg/L 的Ⅳ类水质标准值。9 月份各点浓度变化幅度较小,除布哈河入湖口和湖中心两点超出Ⅲ类水质标准值较多外,其余各点都在Ⅲ类水质标准值以下微小波动。从湖水总磷在不同监测点、不同季节变化幅度较大可以看出,总磷含量受外源影响较大,5 月份和 7 月份最为明显,外源影响主要集中在码头、沙流河和布哈河入湖口、青海湖农场、鸟岛。

从 2004~2010 年监测数据看,青海湖水中磷含量在增加,青海湖营养元素磷的限制有所弱化。

青海湖总氮含量的变化为春末夏初最高,夏秋季最低,秋冬季至来年春季逐渐恢复;氨氮含量的变化则为夏秋季大于秋冬季,秋冬季大于春末夏初。

从本次监测结果看,青海湖总氮含量较低,全湖平均值为 0.90 mg/L,小于 1 mg/L 的Ⅲ类水质标准值,但有一定的季节差异性,5 月份平均值为 1.06 mg/L,大部分监测点的总氮含量大于 1 mg/L;7 月和 9 月平均值分别为 0.82 mg/L 和 0.87 mg/L,大部分监测点的总氮含量小于 0.90 mg/L。全湖氨氮平均值为 0.16 mg/L,略高于Ⅰ类水质标准值(0.15 mg/L)。其中,5 月份和 9 月份平均值分别为 0.11 mg/L 和 0.13 mg/L,优于Ⅰ类水质标准值,7 月份平均值为 0.22 mg/L,优于Ⅱ类水质标准值(图 2-57)。

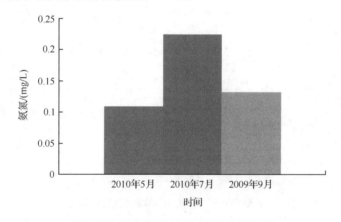

图 2-57　青海湖湖水氨氮季节变化比较

从总氮和氨氮含量变化推测,由于青海湖水温较低,氨化作用总体较弱,但夏秋季水温高于全年平均值,氨化作用相对较强,使得氨氮含量增加,但水温高,浮游生物繁殖较快,营养物质的消耗表现为总氮含量减小。秋季死亡的微生物和水生生物维持了水中总氮含量未发生大的变化,但秋季水温进一步降低更弱化了氮的氨化作用,使得消耗的氨氮量难以足量补充。冬季低温氨化作用几乎停滞,形成来年湖面开封时总氮含量高,氨氮含量低。可认为,低温对氨化作用速率的限制间接限制了湖水中微生物和水生生物营养物质氨氮的供给,从而成为限制其大量生长繁殖的条件之一。

图 2-58 可看出青海湖总氮在不同监测点、不同季节的变化幅度,变幅较大的月份是 7 月份和 9 月份,变幅较大的监测点主要是布哈河、沙柳河、泉吉河和黑马河入湖口,以及鸟岛和湖心区。这表明青海湖氮含量变化受入湖河流及鸟类迁徙影响较大。

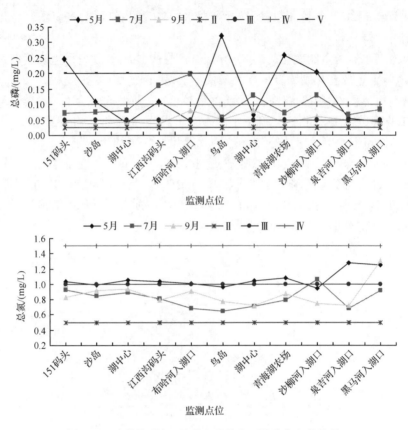

图 2-58 青海湖总氮、总磷在季节和区域分布上的差异

3. 青海湖富营养化现状、成因及发展趋势分析

1) 湖泊营养现状

由于所处地域的偏僻性和气候环境等的限制,青海湖水质较国内其他湖泊要好很多,关于青海湖营养状况现在还没有定论,不同的评定方法得出的结果都有所不同,如在《中国湖泊环境》第二册中,通过对评价指标和测定结果的分析,运用 Carlson 营养状态指数(TSI),将青海湖定义为贫营养型湖泊(国家环境保护总局,2002)。而《青海湖流域生态环境保护与修复》一书根据湖泊营养化状态评定与分类方法,计算出青海湖总评分值为 47 分,营养状态为中营养,但水中氯离子含量高,水质苦涩,不能饮用。杨建新等在文章"青海湖夏季水生生物调查"中又指出,由于青海湖地处青藏高原东北部,地域偏僻,人口稀少,工业欠发达,故青海湖营养物质较为缺乏,加之湖水水温较低,所以青海湖浮游植物初级生产力较低,当属贫营养型湖泊。据计算,2006 年夏季,青海湖浮游植物初级生产力为 0.965~

1.786 mg(O_2)/($m^2 \cdot d$),平均 1.257 mg(O_2)/($m^2 \cdot d$);2007 年夏季,青海湖浮游植物初级生产力为 0.945~1.950 mg(O_2)/($m^2 \cdot d$),平均 1.221 mg(O_2)/($m^2 \cdot d$)。

磷含量变化总体上呈现单峰变化,春末夏初最高,为 0.14 mg/L,优于《地表水环境质量标准》(GB 3838—2002)0.2 mg/L 的 V 类水质标准值;秋末最低,为 0.05 mg/L,符合 0.05 mg/L 的 III 类水质标准值。

青海湖总氮含量的变化为春末夏初最高,夏秋季最低,秋冬季至来年春季逐渐恢复;氨氮含量的变化则为夏秋季大于秋冬季,秋冬季大于春末夏初。

2) 湖泊营养状态的成因及变化趋势分析

鉴于青海湖地理位置、气候特点、湖泊特性等,很难以常规的湖泊富营养化指标或现象来界定其所处的营养状态,青海湖的水质现状是气候、地理位置、流域经济及历史发展的综合作用结果,是内源和外源的综合影响,是低温、高矿化度和高碱度的综合限制结果。

影响富营养化现象的因素复杂,在不同的生态环境条件下,水体之间富营养化的程度存在很大差别。尚难以制定出化学、生态学、地学、环境学都能接受的统一分类标准。通常是选取与富营养化关系密切的参数,如透明度和水色,水中 N、P 负荷,DO、COD、BOD 及藻类种群、生物量或 Chla 的含量等作为评价指标。

据测定,每增殖 1 g 藻类大约消耗 0.009 g 的 P,0.063 g 的 N,0.07 g 的 H,0.358 g 的 C,0.496 g 的 O,以及 Mn、Fe、Cu、Mo 等多种微量元素。在上述元素中,C、H、O 三种元素来源广泛,因此,湖水中 N、P 的含量与补给量常成为影响藻类繁殖的主要限制性因子,其含量直接决定了藻类的繁殖速度。

从监测结果看,青海湖水矿化度、溶解氧、碱度、pH、透明度较高,氮(平均值为 0.90 mg/L,<1 mg/L 的 III 类水质标准值)、磷(平均值为 0.096 mg/L,<0.1 mg/L 的 IV 类水质标准值)、高锰酸盐指数(平均值为 3.90 mg/L,<4mg/L 的 II 类水质标准)较低,湖水年平均水温低(湖底的平均水温为 9.5℃)。

青海湖初级生产能力较低(参照青海湖裸鲤生长率,约年增重 50 g)。总氮含量 5 月>9 月>7 月,氨氮含量 7 月>9 月>5 月,可见 5 月前水温较低,抑制了氮的氨化作用,表现为 5 月份总氮最高而氨氮最低。总磷含量 5 月>7 月>9 月,表现为持续下降,表明从 5 月份开始,磷的消耗量始终小于补给量。7~9 月是青海湖的雨季,入湖河流水量大,而磷含量的持续下降也表明外源输入的磷量较少,不足以弥补湖水中的消耗。Chla 浓度 5 月>9 月>7 月,表明 5 月份藻类开始大量繁殖,消耗水中氨氮和磷,使氨氮和磷含量降低。但随着气候转暖,水温升高,氨化作用增强,使得氨氮的供给量大于消耗量,因此,7 月份水中氨氮含量较高。受某种因素的限制 7 月份藻类死亡速率大于再生速率,Chla 量降至最低。7 月后藻类又出现一个相对高的繁殖期,由于水温逐渐降低,氨化作用逐渐减弱,消耗的氨氮大于内源及外源的补给,氨氮含量减少。但磷的补给仍不能满足需求,故其含量继续下降。水温7月＞9月＞5月，2004～2006年5月、7月、9月三个月平均值为10.5℃，本次测得平均值为13.4℃。

以上分析可知，在适宜藻类生长的整个时期(5～9月)，磷的持续下降表明外源和内源补充的磷不能满足湖中生物对磷的需求，可推测磷是限制性营养元素之一。根据对总氮和氨氮含量变化的分析可知，氮的氨化速率是影响水中氨氮含量的重要因素，而水温是影响氨化速率的决定因素之一。因整个藻类生长期间(5～9月)氨氮的含量均未超过湖水解冻后的5月，可以推测，水温是限制性环境因素之一。从青海湖整个雨季期间并未使湖水中磷及总氮含量超过湖水解冻后的5月，由此可以推测，青海湖氮和磷的外源输入量较少，不会对湖水营养元素的变化产生大的影响。

对比2004～2006年的监测数据发现，青海湖水总磷的平均含量上升了255%，使青海湖营养元素磷的限制有所弱化。青海湖平均水温升高了30%，也弱化了水温这一限制性环境因素。青海湖流域内工业不发达，城镇规模小，人口少，点源少，非点源分布广泛。农牧业生产产生的面源污染可能会是富营养化状态发生变化的潜在因素。对于青海湖营养状态的评定还需进一步的分析研究，但就湖泊富营养化所产生的一些表观现象来看，青海湖还未出现。

青海湖水体至今还应该是我国内陆地区水质较好的湖泊之一，加之所处的地域环境和气候条件，以及国民对环境保护意识的提高，青海湖营养盐过剩所产生的富营养化趋势不会很快。

4. 青海湖流域生态保护和综合治理

青海湖流域生态环境的恶化，引起了党中央、国务院领导的高度重视，青海省各级政府近年来加大了对流域及其周边生态的保护与治理力度，先后实施了人工种草、草地围栏、封湖育鱼、退耕还林、建立国家级自然保护区等措施，已取得了初步成效。

1975年青海省建立青海湖鸟岛自然保护区，并设立相关管理机构；1992年青海湖被列为国际重要湿地；1997年，青海湖鸟岛自然保护区升格为国家级自然保护区，保护区面积$4.952 \times 10^5 \text{hm}^2$。

2000年以来，青海湖流域先后实施了退耕还林还草工程、天然林保护工程、防沙治沙工程、封山育林工程，累计完成退耕还林面积$3.81 \times 10^4 \text{hm}^2$，保护天然林面积$5.66 \times 10^4 \text{hm}^2$，治理沙漠化土地面积$325 \text{hm}^2$，封山育林面积$4 \times 10^3 \text{hm}^2$。

根据青海省人民政府制定的《流域生态保护与综合治理规划概要》，2008～2017年间青海湖生态保护治理内容主要包括：湿地保护与环境治理、退化土地保护与治理工程、生物多样性保护等多项工程。其中湿地保护和环境治理主要包括：人工增雨、沼泽湿地保护、环境保护与污染治理等。

目前,青海湖流域及其周边地区生态环境"局部有所改善,总体继续恶化"的局面,还没有从根本上得到遏制。

2.5.3 青藏高原典型湖泊水质现状

1. 纳木错

1) 纳木错自然地理和社会经济概况

纳木错即藏语"天湖"之意,素以海拔高、湖面大、景色瑰丽著称。纳木错湖面海拔4718 m,是世界上海拔最高的咸水湖。纳木错又称纳木湖,地处被称做"世界屋脊"的青藏高原,属于中国五大湖区的"青藏高原湖区"。在30°30′N～30°35N′和90°16′E～91°03′E之间。位于西藏自治区的中部,在那曲地区的东南边界和拉萨市区划的西北边界上(图2-59)。约有五分之三的湖面在那曲地区的班戈县内,五分之二的湖面在拉萨市的当雄县内。南距拉萨210 km,为西藏地区最大的湖泊。纳木错南面有终年积雪的念青唐古拉山,北侧和西侧有高原丘陵,广阔的湖滨,草原绕湖四周,水草丰美。湖水含盐量高,流域范围内野生动物资源丰富,有野牛、山羊等。湖中多野禽,产细鳞鱼和无鳞鱼。湖水清澈,与四周雪山相映,风景秀丽。纳木错形成于200万年前,即古近纪喜马拉雅运动时期,经喜马拉雅运动凹陷而

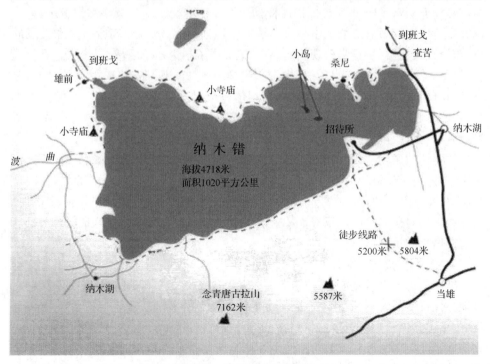

图2-59 纳木错地理位置图

成,为断陷构造湖,并具冰川作用的痕迹。因地处北西与北东相交汇的断陷带之中,因而湖体呈近似三角形外貌。初始湖面开阔且湖水深,这可以从古湖堤岸线分布的高度看出。进入第四纪后,因大陆板块碰撞挤压,青藏高原不断隆升,气候日趋干燥,湖面随之缩降。经过百万年的变迁,现今的纳木错是一个内陆湖,湖盆南西—北东走向,西侧宽,东侧窄,略呈楔形。长轴约 80 km,短轴约 40 km,周长 318 km,岸边发展系数约为 2.25。水面面积 1920 km²,最大水深超过 33 m,蓄水量 768 亿 m³。

2) 纳木错气象水文特征

纳木错流域地处藏北南羌塘高原湖盆区东南部,属于高原亚寒带季风半干旱气候区,气候寒冷,空气稀薄,四季不分明,多风雨天气,秋季到春季常出现雪灾。光、热、水资源充足,年日照时数达 3000 h 左右。8 级以上的大风有 53 天,冬春大风日多,夏秋相对少,全年盛行南风或西南风,夏季有湖陆风现象;年平均气温为 0.0~2.5℃,年内极端最高与最低气温分别为 20.6℃和-26.4℃,最暖月是 7 月,12 月为最冷月,年降水量为 410 mm。降水量集中在 5~10 月,夜雨＞昼雨,蒸发量为 2000 mm。

纳木错是一个封闭式湖泊,出水途径只有湖面蒸发;流域内无城市,仅有的少量自然村落分布在流域内,没有集中的管网向湖中排水,所以湖体的入水途径仅有河流和湖面降水。通过河流进入纳木错的水包括两部分:一部分是冰川融水,另一部分是流域内降雨形成的地表径流。纳木错地处藏北高原,受高原多风和大风的影响,湖浪大而不稳,且常出现湍流,有效地促进了湖中各个区域、层次水之充分混合。每年冰封期长达 5 个月,根据调查当地居民得知,每年藏历 10 月开始结冰,翌年 2 月开始化冰,3 月中旬全部化完。湖体完全封冻冰厚达 2 m 以上,可行人走畜,也能行驶汽车。纳木错湖面呈深蓝色,按水色标准划分介于 3~4 号。湖水清澈,透明度大,距岸边 2~3 km,一般可达 9 m 以上。

纳木错的矿化度大体在 1700 g/L 左右,表明纳木错水质属微碱水。分析其化学组成,阴离子以 HCO_3^- 为主,其次是 SO_4^{2-},Cl^- 最少;阳离子以 Na^+ 为主,其次是 Mg^+,Ca^{2+} 最少,故纳木错属重碳酸盐钠型。湖水中 SO_4^{2-} 较河水已经明显增加;河水中占绝对优势的阳离子 Ca^{2+},在湖水中则被 Na^+ 所取代,这些都是纳木错逐步趋向碱化的重要标志。

3) 纳木错水资源和水功能

纳木错由于水量充沛、储热量大、水温稳定,对流域气候调节作用明显。它通过地方性日变环流不断影响空气的温度和湿度。纳木错蕴藏大量浮游生物和鱼类,为鸟类提供了丰富饵料;湖心岛人迹罕至,又为各种鸟类提供了理想栖息场所,故纳木错又是鸟的天堂。纳木错的主要功能是牧业生产,同时兼有水产、旅游等功能,并且为大量的野生动物提供理想栖息场所,有建立自然保护区的有利条件。

4) 纳木错河流水系

纳木错来水是冈底斯山及念青唐古拉山的冰川融水及流域降水量。汇入纳木错的主要河流,如波曲、昂曲、测曲、你亚曲等。其中波曲、昂曲、测曲这三条河流位于纳木错西南岸,其流域面积占全湖总流域面积的50%以上;产水量也大,是水源主要补给区。南岸平行的河流大小共有27条,流域面积占全湖总面积的14%。这些河流均发源于念青唐古拉山的冰雪前缘,依靠高山融水和降水补给,水源较充沛。各河长度在10~15 km,其流向近于与山脊或湖岸垂直,河流呈梳状排列,河水顺流而下,坡陡流急。每年出、入水量基本平衡,湖泊的换水期为34.15年。

5) 纳木错社会经济概况

纳木错在那曲地区的东南边界和拉萨市区划的西北边界上。纳木错被信徒们尊为四大威猛湖之一,传为密宗本尊胜乐金刚的道场,是藏传佛教的著名圣地。流域内共辖当雄县1个乡和班戈县6个乡,人口密度低,皆为农业人口。

流域内无种植业和林业,更无现代工业,主要产业为牧业,同时兼有极少量的副业,据调查,流域内每户平均拥有牛多头、羊多只,是西藏最富裕地区之一。虽然纳木错的鱼类蕴藏量很大,但由于受宗教信仰等诸多因素制约,到目前为止流域内尚无人从事捕捞工作,流域内无渔业。由于流域内的念青唐古拉山峰对外开放,纳木错湖泊的瑰丽景色和湖滨旖旎的风光及地区各种野生动物出没期间,吸引了众多旅游观光者,流域内旅游业蓬勃发展。

6) 纳木错水质现状

分别于2010年8月和2011年9月对纳木错的理化指标和水质指标进行检测,采样点位如图2-60所示。由表2-39可知,纳木错湖水的pH在9.21~9.52,呈弱碱性,与王苏民等报道的纳木错的湖水pH为7.5~9.5基本吻合。湖水溶解氧为5.23~6.81 mg/L,达到地表水环境质量标准的Ⅱ类或Ⅲ类标准。由表2-40可知,纳木错的营养盐TN的浓度在0.260~0.603 mg/L之间,处于地表水环境质量标准的Ⅱ类水标准,TP的浓度在0.010~0.027 mg/L之间,处于地表水环境质量标准的Ⅱ类水标准,就总体水质而言,纳木错尚处于贫营养状态。

表2-39 纳木错2010~2011年理化指标

点位编号	监测年份	水温/℃	pH	$E_c/(\mu S/cm)$	DO/(mg/L)
1	2010	12.8	9.40	1846	5.97
2	2010	13.2	9.21	1830	5.23
3	2010	12.1	9.34	1897	5.64
1	2011	11.7	9.50	1346	6.61
2	2011	11.8	9.52	1335	6.81
3	2011	11.7	9.38	1348	6.38

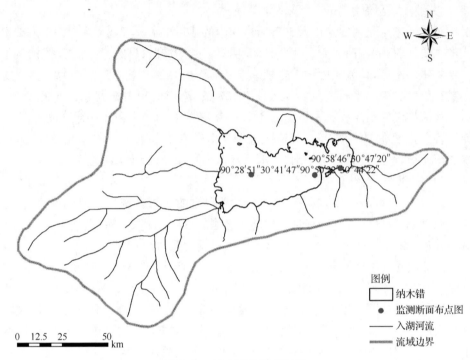

图 2-60 纳木错采样点位图

表 2-40 纳木错 2010~2011 年水质指标

点位编号	监测年份	SD/cm	TN/(mg/L)	NO_3^--N/(mg/L)	TP/(mg/L)	TDP/(mg/L)
1	2010	110	0.304	0.185	0.023	
2	2010	100	0.276	0.140	0.015	
3	2010	115	0.298	0.151	0.022	
1	2011	220	0.260	0.238	0.027	0.0026
2	2011	250	0.603	0.185	0.010	0.0044
3	2011	250	0.381	0.266	0.016	0.0015

2. 羊卓雍错

1) 羊卓雍错自然地理和社会经济概况

羊卓雍错位于雅鲁藏布江南岸、山南浪卡子县境内，地理位置在 28°18′~29°12′N，90°12′~91°36′E 之间。湖面海拔 4441 m，东西长 130 km，南北宽 70 km，湖岸线总长 250 km，总面积 638 km²，大约是杭州西湖的 70 倍。与纳木错和玛旁雍错并称为西藏三大圣湖。湖水均深 20~40 m，最深处有 60 m，蓄水量 151 亿 m³，是喜马拉雅山北麓最大的内陆湖。羊卓雍错汊口较多，像珊瑚枝一般，因此它在藏语中又被称为"上面的珊瑚湖"。湖周高山环绕,没有出口,形成不泄水自成流域封闭湖泊。东与哲古湖流域毗邻;西以年楚河流域的勒金康桑大雪山为分水岭;南以蒙达扛热雪山为界;北面紧靠着抗巴山。羊卓雍错湖水碧波如镜,湖滨水草丰美,是一个丰饶的高原牧场,羊卓雍错还是一个富饶的天然"鱼库",湖中浮游生物很多,鱼饵丰富,每到夏天,鱼群便由深水游到浅水区觅食、产卵,几乎徒手就可捞到,再加上藏人不吃鱼,这里便成了鱼类的天堂。湖中盛产高原裸鲤,其肉细嫩鲜美。鱼类蕴藏量可达8亿多千克,有"西藏鱼库"之称。此外羊卓雍错还有西藏最大的人工养殖渔场,以养殖高原裂腹鱼、高原裸鲤为主。羊卓雍错是高原堰塞湖,大约亿年前因冰川泥石流堵塞河道而形成,它的形状很不规则,分叉多,湖岸曲折蜿蜒,并附有空姆错、沉错和纠错三小湖。

羊卓雍错属藏南山地灌丛草原半干旱气候,羊卓雍错流域年均温为2.6℃,多年平均降水量为350 mm,多年平均潜在蒸发量为2024.9 mm。降水集中于每年的6~9月,这4个月的降水量大约占全年总降水量的92%,8月为最大降水月份。年最高气温一般出现在6月、7月,年最低气温多出现在1月。气温日差大,最大可达27.2℃。太阳辐射强,日照时间长,冬春寒冷,夏秋温凉,干湿季分明。年日照时数2800~3100 h。冬季湖面封冻,次年3月湖冰逐步消融。由于风浪影响,局部地区有立封现象,冰层最厚可达60 mm,冰上可以行人。在全球变暖的大背景下,西藏羊卓雍错流域的气候也发生了明显的增暖趋势。近45年,流域平均年均温以每十年0.25℃的速率显著升高,特别是近25年增温更为明显,达每十年0.34℃。

羊卓雍错属高原内陆封闭型湖泊,径流和降水的补入水量与蒸发量基本平衡,水位保持恒定,形成咸水湖,矿化度为1900 mg/L左右。不能饮用,也不是好的农灌水。氨氮、COD的含量在全国湖泊平均值之内。DO含量偏低,这与羊卓雍错地处高原气压低的地理环境相一致。

羊卓雍错蓄水量151亿 m³,是喜马拉雅山北麓最大的内陆湖。水资源丰富,同时也蕴藏着大量的鱼类资源。因与雅鲁藏布之间水位落差达840 m,水能资源丰富;据研究,可利用缩小湖泊面积、减少水面蒸发量获得水量进行发电。既满足电站每年用水需求,又使该湖容水量保持稳定。羊卓雍错在战略水资源储备、区域生态平衡调节等方面具有十分重要的生态环境价值。

羊卓雍错流域还包括几个自成流域的普莫雍错、巴纠湖、沉错和空莫错。湖盆形态极不规则,湖岸曲折,分叉多支,走向大致由东南向西北,形成一个环状,湖中有小岛突起。东、南、西三面有较大支流汇入,北岸较平直,山坡直插入湖,源短坡陡。

位于南部的卡洞加曲是汇入羊卓雍错的第一大支流。源头为蒙达扛热、价左和雪尖倾日雪山。流至让汪村分为两支:一支称为由让追加,在鸡骨渣村附近注入羊卓雍错;一支称为贡曲,经沙堆乡注入羊卓雍错。径流由降水和冰雪融水补给,水量丰沛。

嘎马林河位于羊卓雍错东部,是汇入该湖的第二大支流,上源与哲古湖流域相邻,在曲果仲附近注入羊卓雍错。径流以降水为主,终年不断流。

卡鲁雄曲位于羊卓雍错西部,发源于勒金康桑大雪山,有嘎马错、康不错、枪勇错等多个冰川小湖补给。径流补给丰沛,终年不断流。该河部分水量流入空莫错,另在座古附近有部分水量流入沉错。

浦宗曲位于羊卓雍错西南角,集水面积为 342 km^2。径流由降水和融雪补给,终年不断流。

另外还有一些小的支流,如羊卓雍错南侧的香达曲、曲清等小河的径流均以降水补给为主,每年 4～5 月径流极小,甚至断流。

羊卓雍错作为西藏三大圣湖之一,流域有 11 个行政区,属浪卡子县 9 个区,贡嘎县和措美县各一个区,共有人口 2 万余人,均为农业人口,牧畜近 40 万头,现有耕地 5 万余亩,可灌溉草场约 9 万余亩。羊卓雍错流域内无工矿企业,更没有排污工厂。因流域地处高寒,植被稀少,这个地区是半农牧、牧业为主的农牧业较发达的地方,多集中在入湖河口冲积扇平坝区。有的支流有少量堰、塘。部分河流修筑有挑流坝,引水漫灌草场和耕地,减少了入湖的径流量。全区农牧业生产较落后,一般不使用化肥和农药。该地区受人类活动影响较小,目前仍比较完整地保持着原始自然生态环境的特点。

2) 羊卓雍错水质现状

分别于 2010 年 8 月和 2011 年 9 月对羊卓雍错的理化指标和水质指标进行检测,采样点位如图 2-61 所示。由表 2-41 可知,羊卓雍错湖水的 pH 为 8.74～10.68,呈弱碱性,与王苏民等报道的纳木错的湖水 pH 为 9.2～9.3 基本吻合。湖水溶解氧为 4.72～8.21 mg/L。由表 2-42 可知,羊卓雍错的营养盐 TN 的浓度在 0.367～0.567 mg/L,处于地表水环境质量标准的Ⅱ类或Ⅲ类水标准,TP 的浓度在 0.015～0.022 mg/L,处于地表水环境质量标准的Ⅱ类水标准,就总体水质而言,羊卓雍错尚处于贫营养状态。

表 2-41 羊卓雍错湖水的理化指标

点位编号	监测年份	水温/℃	pH	E_c/(μS/cm)	DO/(mg/L)
1	2010	17.6	9.08	2140	5.14
2	2010	16.3	8.74	2222	5.93
3	2010	16.6	9.01	2210	4.72
1	2011	14.7	9.41	1843	7.34
2	2011	15.4	10.68	1763	7.82
3	2011	15.3	10.42	1793	8.21

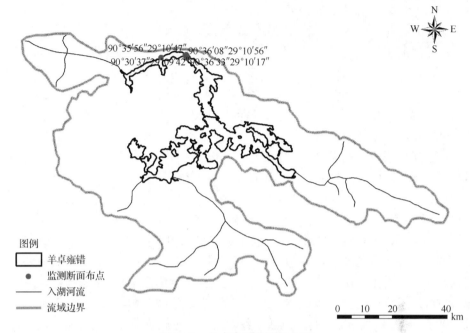

图 2-61　羊卓雍错监测点位图

表 2-42　羊卓雍错湖水的水质指标

点位编号	监测年份	SD/cm	TN/(mg/L)	NO_3^--N/(mg/L)	TP/(mg/L)	TDP/(mg/L)
1	2010		0.567	0.291	0.015	0.008
2	2010		0.436	0.204	0.018	0.008
3	2010		0.458	0.133	0.015	0.005
1	2011	530	0.380	0.362	0.010	0.011
2	2011	517	0.443	0.341	0.022	0.008
3	2011	518	0.367	0.285	0.017	0.007

3. 巴松错

1) 巴松错自然地理和社会经济概况

巴松错又叫错高湖,意为绿色的水。位于西藏东南部林芝地区工布江达县境内,地处 93°08′E,30°01′N,是西藏东南部最大的堰塞湖之一。巴松错连绵苍山负雪,星散碧湖映天,绿如海,翠欲滴,富有生气的绿色润泽眼底,宁静壮美的景色使人感到心底的透彻,微波荡漾的湖水清澈见底,四周雪山倒映湖中,黄鸭、黑颈鹤等飞禽浮游湖面,游鱼如织游弋于水中,格外的恬静、优雅,湖区四季鲜明,湖水因周遭景致的变化而呈现不同的色泽。巴松错西距工布江达县 90 km,东距林芝地区行署所在地八一镇 128 km,滨湖山地环绕,地势陡峻。呈北东-南西向长带状延伸,如镶嵌在高山深谷中的一轮明月。湖面海拔 3469 m,长 13.8 km,最大宽 2.8 km,平均宽 1.85 km,总面积 25.9 km²,最大水深约 60 m。

巴松错属于高原半湿润季风气候区,雨量充沛,无霜期长,年平均气温 6.3℃,年均降水量 646 mm。空气湿润,年日照时数为 2016 h,集水面积 1209.5 km²,补给系数 47.4。湖水主要依赖湖面降水和冰川融水补给,入湖河流主要有巴松曲、罗结曲,出湖下泄入泥泽曲,转注雅鲁藏布江。湖水 pH 7.2,矿化度 0.12 g/L,属硫酸钠亚型冰川堰塞淡水湖。

巴松错作为西藏地表水资源重要组成部分之一,为西藏全区人均水资源占有量和耕地水资源的有力保障。巴松错位于距林芝地区工布江达县境内,位于巴河上游的高山深谷里,是红教(藏传佛教宁玛派)的一处著名神湖和圣地。此地常住人口少,多以游客为主。巴松错 1994 年被评定为西藏自治区风景名胜区,1997 年被评定为国家级风景名胜区,同时被世界旅游组织列入世界旅游景区,2000 年被国家旅游局评为首批国家 4A 级景区,2002 年被国家林业局认定为国家森林公园。巴松错生态旅游景区属于湖泊类水域旅游景区,旅游资源丰富、类型多样,寺在岛上,岛在湖中,湖水碧绿、清澈见底,四周密林、雪山倒映其中,犹如人间天堂,主要以旅游业为主,相关的服务行业也随之蓬勃发展。对旅游资源加大开发力度,一方面可以扩大旅游空间环境容量,充分利用生态环境容量、社会环境容量以及设施环境容量的弱载空间;另一方面可以更有效地保护现有设施环境,充分发挥生态旅游的经济效益和社会效益。

2) 巴松错水质现状

分别于 2010 年 8 月和 2011 年 9 月对巴松错的理化指标和水质指标进行检测,采样点位如图 2-62 所示。由表 2-43 可知,巴松错湖水的 pH 为 8.09~8.85,呈弱碱性。湖水溶解氧为 6.76~9.39 mg/L。由表 2-44 可知,巴松错的营养盐 TN 的浓度在 0.276~0.693 mg/L,处于地表水环境质量标准的Ⅱ类或Ⅲ类水标准,TP 的浓度在低于检出限至 0.034 mg/L,处于地表水环境质量标准的Ⅱ类或Ⅲ类水标准,就总体水质而言,巴松错目前尚处于贫营养状态。

表 2-43 2010~2011 年巴松错理化指标

点位编号	监测年份	水温/℃	pH	$E_c/(\mu S/cm)$	DO/(mg/L)
1	2010	13.8	8.63	90.6	7.25
2	2010	12.6	8.67	95.3	7.22
3	2010	14.8	8.29	95.8	6.76
4	2010	12	8.39	100.3	7.31
5	2010	15.4	8.45	95.3	6.95
6	2010	16.2	8.20	92.8	6.89

续表

点位编号	监测年份	水温/℃	pH	E_c/(μS/cm)	DO/(mg/L)
1	2011	13.8	8.85	75.7	9.13
2	2011	14	8.38	76.3	9.18
3	2011	13.3	8.22	72.8	9.23
4	2011	12.3	8.21	72.7	9.29
5	2011	13	8.21	62.5	9.39
6	2011	13.4	8.09	74.4	9.30

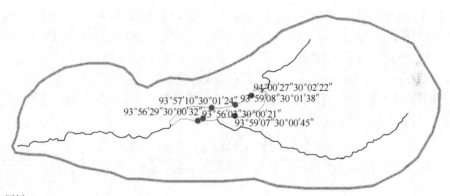

图例
□ 巴松错
● 监测断面布点
—— 入湖河流
⸺ 流域边界

图 2-62 巴松错监测点位图

表 2-44 2010～2011 年巴松错水质指标

点位编号	监测年份	SD/cm	TN/(mg/L)	NO_3^--N/(mg/L)	TP/(mg/L)	TDP/(mg/L)
1	2010	60	0.279	0.271	0.013	未检出
2	2010	45	0.299	0.120	0.017	0.014
3	2010	50	0.270	0.040	0.007	0.014
4	2010	26	0.282	0.256	0.027	0.011
5	2010	50	0.294	0.286	0.015	0.011
6	2010	55	0.276	0.130	0.019	0.016

续表

点位编号	监测年份	SD/cm	TN/(mg/L)	NO_3^--N/(mg/L)	TP/(mg/L)	TDP/(mg/L)
1	2011	82	0.380	0.333	0.034	0.025
2	2011	80	0.530	0.289	0.015	0.021
3	2011	84	0.323	0.311	0.020	0.013
4	2011	83	0.353	0.205	0.013	0.007
5	2011	81	0.693	0.177	0.032	0.018
6	2011	84	0.426	0.197	未检出	0.022

2.6 湖北省湖泊富营养化环境要素特征及变化趋势分析

表2-45和表2-46分别给出了富营养化环境要素的基本统计特征参数。图2-63至图2-66分别给出了这些要素的频数分布图,可以看出这些参数均呈不同程度的偏态分布。这些参数经过一定方式的转换之后,其频数分布均呈较理想的正态分布形式。沉水植物生物量呈"U"形分布(图2-67),难以直接通过各种形式转换使其正态化。此时需要将草型湖泊划分出来再进行分析(图2-68),这些数据可通过变换使其分布呈正态化。

表 2-45 湖泊湖水理化参数的基本统计特征(周年数据)

项目	Z_m/m	SD/m	TN/(mg/m³)	TP/(mg/m³)
样本数	67	66	64	67
平均值	2.2	1	2597	201
中位数	2.1	0.81	1131	53
最小值	0.6	0.18	74	5
最大值	7.03	3.26	13 690	1424
标准差	1.04	0.72	3058	333
标准误差	0.13	0.09	382	41
变异系数	47.5	72.4	117.8	165.7

表 2-46 Chla 和 B_{Mac} 基本统计特征(周年数据)

项目	Chla/(mg/m³)			B_{Mac}/(g/m²)	
	全部湖泊	无草湖泊	有草湖泊	全部湖泊	有草湖泊
样本数	68	30	38	68	38
平均值	33.83	70.34	5.02	831	1505

续表

项目	Chla/(mg/m³)			B_{Mac}/(g/m²)	
	全部湖泊	无草湖泊	有草湖泊	全部湖泊	有草湖泊
最小值	0.80	3.31	0.80	0	30
中位数	5.74	45.0	3.16	123	896
最大值	294.6	294.6	26.49	9132	9132
标准误差	7.2	13.7	0.84	198.3	320
变异系数	175	106	103	195	129

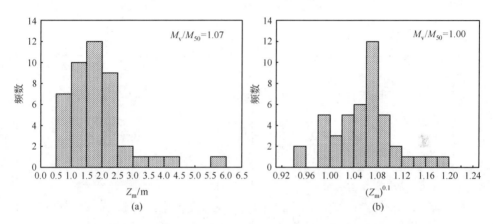

图 2-63 湖泊平均水深原始数据和变换数据的频数分布

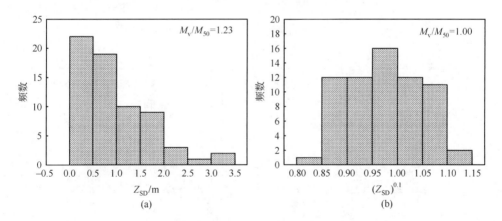

图 2-64 透明度原始数据和变换数据的频数分布

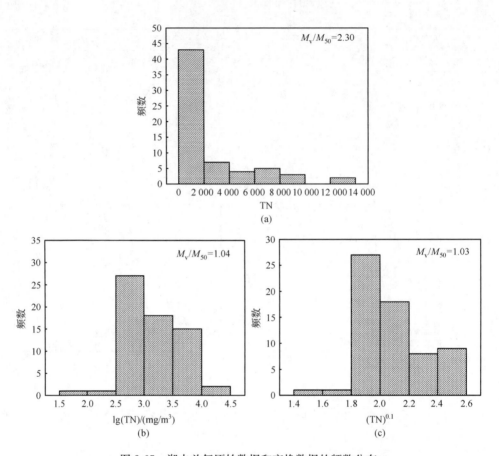

图 2-65　湖水总氮原始数据和变换数据的频数分布

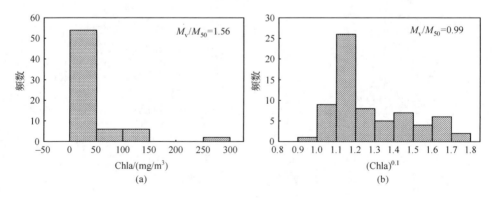

图 2-66　浮游藻类叶绿素 a 原始数据和变换数据的频数分布（全部）

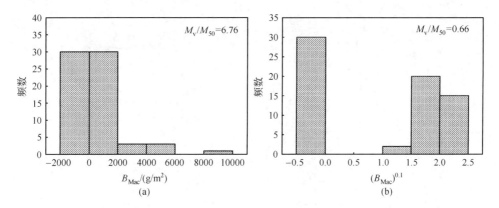

图 2-67 沉水植物生物量 B_{Mac} 原始数据和经过变换的数据的频数分布(全部湖泊)

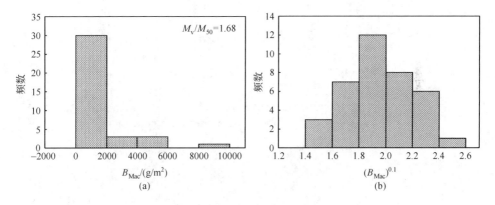

图 2-68 沉水植物生物量原始数据和变换数据的频数分布(只含有草型湖泊)

2.7 云南省湖泊富营养化环境要素特征及变化趋势分析

根据云南省湖泊分布的区域性特点,将云南省分为滇中、滇南、滇西三个区域,在各个区域选择代表性的湖泊作为定点采样对象,滇中地区选择澄江的抚仙湖(FXH)、通海的杞麓湖(QLH)、江川的星云湖(XYH);滇西地区选择永胜的程海(CH)、洱源的海西海(HXH)和茈碧湖(CBH)、宁蒗的泸沽湖(LGH)、大理的洱海(EH);滇南地区选择蒙自的大屯海(DTH)和长桥海(CQH)、文山的普者黑湖(PZHH)、石屏的异龙湖(YLH)。采样点设置根据所调查湖泊面积、湖泊形态、湖泊污染状况及湖泊进出水情况而定,对各湖泊特征、流域状况以及湖泊水质、底质及水生态进行全方位调查。调查湖泊在云南省的分布及湖泊形态见图 2-69 和图 2-70。

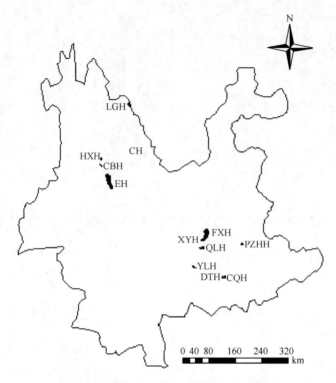

图 2-69　云南省重点调查湖泊分布示意图

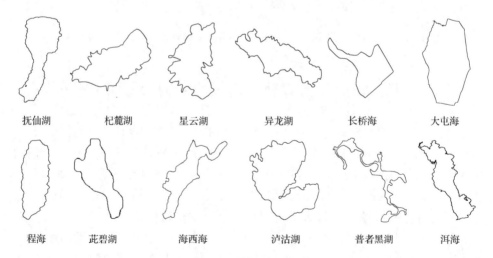

图 2-70　云南省重点调查湖泊示意图

2.7.1 云南省主要湖泊富营养化现状评价

根据富营养化评价结果(表 2-47 和图 2-71)可知,抚仙湖、泸沽湖为贫营养湖泊;普者黑湖、海西海、茈碧湖、程海为中营养湖泊;杞麓湖、长桥海、大屯海为中富营养湖泊;星云湖和异龙湖为重富营养湖泊。

表 2-47 云南湖泊富营养化现状区域差异性

区域	湖泊名称	TLI	营养等级	均值
滇中	抚仙湖	18.7	贫营养	51.7
	杞麓湖	64.1	中富营养	
	星云湖	72.4	重富营养	
滇南	长桥海	60.4	中富营养	61.0
	大屯海	66.5	中富营养	
	异龙湖	76.8	重富营养	
	普者黑湖	40.4	中营养	
滇西	泸沽湖	15.7	贫营养	34.1
	海西海	43.2	中营养	
	茈碧湖	34.1	中营养	
	程海	43.3	中营养	

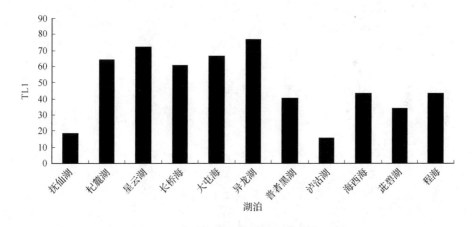

图 2-71 云南省湖泊富营养化现状区域差异性

从三个不同区域来看,滇西区域富营养状态指数最低,平均为中营养水平;其次为滇中,平均为轻富营养水平;滇南区域富营养状态指数最高,平均达到中富营养。

2.7.2 云南湖泊水质指标区域差异性分析

对三个区域内主要湖泊的水质指标进行统计分析,得到各个指标的统计量,结果如表 2-48 所示。

表 2-48 云南省三个湖泊区域水质指标的描述统计量

指标	区域	湖泊	N	min	max	mean	std	CV
总碱度	滇中	FXH	829	127.710	172.380	153.866	5.960	3.874
		QLH	69	109.130	147.470	119.278	8.335	6.988
		XYH	112	208.000	249.200	227.133	10.757	4.736
	滇南	CQH	41	57.060	93.640	83.590	9.203	11.010
		DTH	32	82.290	151.360	97.768	12.370	12.653
		YLH	57	144.950	249.890	197.629	24.860	12.579
		PZHH	40	118.290	159.280	137.425	12.000	8.732
	滇西	HXH	24	140.590	158.450	149.645	6.187	4.134
		CBH	28	141.280	163.590	149.840	6.202	4.139
高锰酸盐指数	滇中	FXH	829	0.050	1.964	1.073	0.206	19.189
		QLH	69	6.912	14.432	9.481	1.175	12.397
		XYH	112	6.419	312.506	22.195	48.382	217.983
	滇南	CQH	41	2.026	9.870	6.259	2.010	32.116
		DTH	33	0.749	7.841	4.651	1.347	28.952
		YLH	60	5.683	20.608	14.787	2.882	19.491
		PZHH	40	3.233	5.773	4.500	0.755	16.786
	滇西	LGH	70	0.870	1.939	1.360	0.212	15.617
		HXH	24	2.409	4.629	3.279	.657	20.033
		CBH	29	1.060	3.801	1.618	0.464	28.653
		CH	48	2.887	6.388	3.733	0.561	15.018
总氮	滇中	FXH	829	0.038	1.513	0.230	0.160	69.735
		QLH	69	1.313	4.575	2.527	0.634	25.084
		XYH	112	1.320	41.473	2.822	4.169	147.735
	滇南	CQH	41	1.115	15.758	3.485	2.808	80.578
		DTH	33	2.443	5.675	3.251	0.640	19.678
		YLH	60	4.288	7.573	5.910	0.872	14.752
		PZHH	40	0.250	0.787	0.487	0.112	22.999

续表

指标	区域	湖泊	N	min	max	mean	std	CV
总氮	滇西	LGH	70	0.102	0.298	0.142	0.031	21.803
		HXH	24	0.665	1.780	0.965	0.231	23.976
		CBH	29	0.165	2.230	0.596	0.483	81.058
		CH	48	0.670	1.022	0.897	0.086	9.611
硝氮	滇中	FXH	829	0.008	0.185	0.054	0.027	49.205
		QLH	69	0.125	0.896	0.422	0.194	45.927
		XYH	112	0.070	0.292	0.189	0.024	12.566
	滇南	CQH	41	0.106	13.184	1.444	2.453	169.890
		DTH	33	0.186	0.568	0.276	0.108	39.019
		YLH	60	0.390	0.671	0.499	0.047	9.383
		PZHH	40	0.072	0.305	0.206	0.067	32.728
	滇西	LGH	70	0.013	0.064	0.035	0.012	33.034
		HXH	24	0.018	0.123	0.040	0.026	64.063
		CBH	29	0.024	1.536	0.203	0.327	160.532
		CH	48	0.205	0.399	0.282	0.036	12.775
氨氮	滇中	FXH	829	−0.004	0.218	0.049	0.033	67.554
		QLH	69	0.020	1.118	0.255	0.227	89.182
		XYH	112	0.072	1.198	0.307	0.180	58.763
	滇南	CQH	41	0.155	2.220	0.408	0.403	98.723
		DTH	33	0.162	3.346	0.541	0.672	124.255
		YLH	60	0.511	1.578	0.755	0.184	24.315
		PZHH	40	0.096	0.382	0.196	0.071	36.193
	滇西	LGH	70	0.011	0.090	0.052	0.019	35.702
		HXH	24	0.048	0.099	0.074	0.014	18.205
		CBH	29	0.032	0.307	0.172	0.070	40.929
		CH	48	0.033	0.157	0.092	0.024	26.313
总磷	滇中	FXH	829	0.000	0.097	0.010	0.005	51.523
		QLH	69	0.035	0.258	0.081	0.035	43.114
		XYH	112	0.000	1.600	0.560	0.187	33.392
	滇南	CQH	41	0.016	0.273	0.062	0.040	64.958
		DTH	33	0.157	0.383	0.231	0.051	21.921
		YLH	60	0.093	0.280	0.150	0.044	29.605
		PZHH	40	0.007	0.050	0.027	0.011	40.478

续表

指标	区域	湖泊	N	min	max	mean	std	CV
总磷	滇西	LGH	70	0.010	0.057	0.019	0.006	31.001
		HXH	24	0.041	0.096	0.064	0.014	21.361
		CBH	29	0.011	0.151	0.047	0.033	71.427
		CH	48	0.024	0.131	0.079	0.022	28.426
溶解性磷	滇中	FXH	829	0.000	0.019	0.003	0.002	93.318
		QLH	69	0.000	0.015	0.004	0.003	79.715
		XYH	112	0.213	0.567	0.361	0.107	29.641
	滇南	CQH	41	0.001	0.015	0.006	0.004	67.905
		DTH	33	0.002	0.245	0.112	0.062	55.045
		YLH	60	0.001	0.034	0.007	0.004	62.958
		PZHH	40	0.000	0.007	0.003	0.002	59.086
	滇西	LGH	70	0.001	0.043	0.009	0.005	60.459
		HXH	24	0.001	0.019	0.008	0.005	67.645
		CBH	29	0.000	0.043	0.007	0.010	157.651
		CH	47	0.001	0.271	0.038	0.072	189.492

注：N 为样本个数；min 为最小值；max 为最大值；mean 为平均值；std 为标准偏差；CV 为变异系数。

11个湖泊TN均值最小的是泸沽湖和抚仙湖，最高的是异龙湖。根据变异系数的划分，当CV<10%时，表现为弱变异性；当CV在10%~100%时，表现为中等变异；当CV>100%时，表现为强变异性。11个湖泊中，除星云湖为强变异性、程海为弱变异性外，其他湖泊均表现为中等变异。星云湖位于玉溪市江川县，由于受周边环境污染，每年的5~9月可能会暴发蓝藻水华，使湖体内的总氮浓度极度增加，与非水华期总氮的最低浓度相比增加了近20多倍，极差达到了40.153 mg/L，使星云湖表现出了强变异性。11个湖泊TN浓度较高的有星云湖、杞麓湖、异龙湖、长桥海和大屯海，这5个湖泊全部分布在滇中和滇南地区。

11个湖泊TP均值最小的是泸沽湖和抚仙湖，最高的是星云湖和异龙湖。根据变异系数可知，11个湖泊变异系数均介于10%~100%之间时，表现为中等变异，TP浓度较高的有星云湖、异龙湖和大屯海，这三个湖泊全部分布在滇中和滇南地区。

11个湖泊COD_{Mn}均值最小的是泸沽湖和抚仙湖，最高的是星云湖。根据变异系数可知，除星云湖表现为强变异性外，其余湖泊变异系数均介于10%~100%之间，表现为中等变异。从不同区域来看，滇西COD_{Mn}较低，滇中和滇南较高。

11个湖泊中，星云湖 COD_{Mn} 浓度最高（图2-72）。从不同区域来看，滇南和滇中地区的湖泊 COD_{Mn} 浓度高于滇西地区。

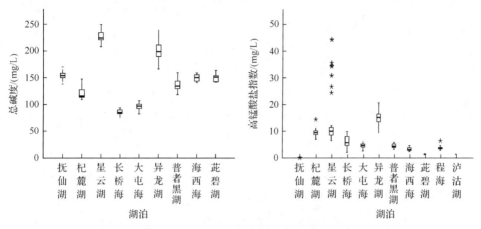

图 2-72 总碱度和 COD_{Mn} 浓度变化图

11个湖泊中，异龙湖 TN 浓度最高，星云湖的离散程度最大（图2-73）。抚仙湖、普者黑湖、海西海、茈碧湖、程海、泸沽湖 TN 浓度较低。可以看出除抚仙湖外滇南地区和滇中地区其他湖泊 TN 浓度较高，大部分为劣Ⅴ类水质。滇西地区 TN 浓度整体较低。

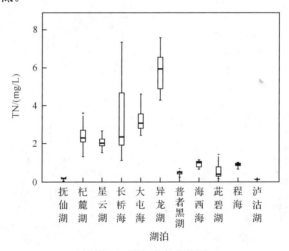

图 2-73 TN 浓度变化图

从图2-74可以看出，长桥海水体中硝氮、亚硝氮浓度最高，异龙湖水体中氨氮浓度最高。通过对三种形态氮在不同湖泊中所占比例的比较可知（图2-75），杞麓湖、长桥海和程海氨氮浓度为三种形态中所占比例最高的氮形态，其他湖泊硝氮为主要形态。

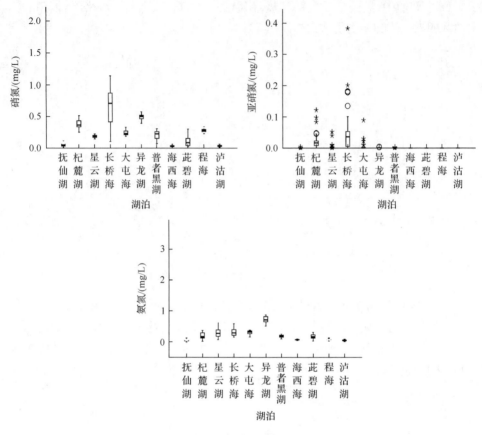

图 2-74 三种氮形态浓度变化图

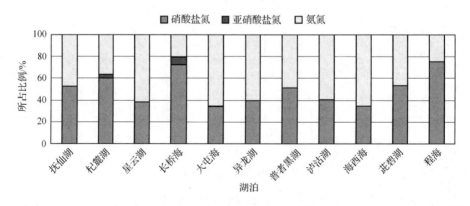

图 2-75 三种氮形态所占比例图

由图 2-76 可以看出,星云湖 TP 浓度和溶解性磷浓度最高。11 个调查湖泊中,除星云湖、大屯海和异龙湖外,其他湖泊 TP 浓度基本位于 0.1 mg/L 以下,处于地表水环境质量标准的Ⅳ类标准以内。

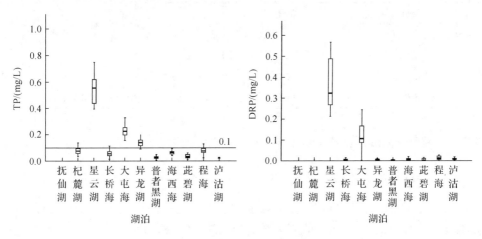

图 2-76　TP 及溶解性磷浓度变化图

2.7.3　云南省湖泊水质指标聚类分析

通过聚类分析可知(图 2-77),当聚类数目为四类时分类明显。其中水质最好的是泸沽湖,单独聚为一类;水质很好的是抚仙湖和茈碧湖;水质较好的是普者黑湖、海西海和程海;其余的为水质较差的湖泊(表 2-49)。由此可知,滇南的湖泊处于第四类水质较差的较多,而滇西和滇中的湖泊水质较好。

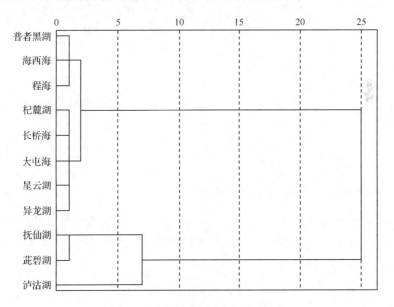

图 2-77　云南调查湖泊水质差异性

表 2-49 云南省湖泊水质聚类分析结果

类别	数目	湖泊名称
水质最好	1	泸沽湖
水质很好	2	抚仙湖、茈碧湖
水质较好	3	普者黑湖、海西海、程海
水质较差	5	杞麓湖、长桥海、大屯海、星云湖和异龙湖

2.7.4 云南省湖泊浮游藻类生物量的区域差异性分析

1. 云南省湖泊浮游植物生物量(Chla 浓度)的描述统计量

如表 2-50 所示,11 个湖泊 Chla 浓度均值最小的是泸沽湖,最高的是异龙湖。根据变异系数可知,除星云湖表现为强变异性外,其余湖泊变异系数均介于 10%~100%之间时,表现为中等变异性。

表 2-50 云南省湖泊浮游植物生物量(Chla 浓度)的描述统计量

区域	湖泊	min	max	mean	std	CV
滇中	FXH	0.000	3.348	1.206	0.762	63.144
	QLH	12.053	168.144	61.845	38.459	62.187
	XYH	7.440	736.560	94.229	140.286	148.878
滇南	CQH	2.511	197.114	51.641	36.005	69.723
	DTH	12.499	123.039	64.472	28.189	43.723
	YLH	23.808	429.381	170.846	76.524	44.791
	PZHH	0.223	8.556	4.517	2.050	45.384
滇西	LGH	0.089	0.900	0.451	0.222	49.221
	HXH	1.116	10.044	5.136	2.745	53.443
	CBH	2.902	15.903	6.349	2.524	39.760
	CH	1.116	10.400	5.363	2.848	53.096

2. 云南省湖泊 Chla 浓度的区域差异性

11 个湖泊中,异龙湖 Chla 浓度最高,其次是星云湖、大屯海、杞麓湖和长桥海。其余湖泊 Chla 浓度较低。从不同区域来看,滇南地区和滇中地区 Chla 浓度较高,滇西地区较低(图 2-78)。

第 2 章 典型湖区及重点湖泊概况

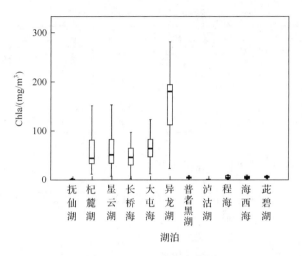

图 2-78 Chla 浓度变化图

2.7.5 云南省湖泊浮游植物生物量聚类分析

通过聚类分析可知（图 2-79 和表 2-51），第一组为 Chla 浓度较低的湖泊，包括抚仙湖、泸沽湖、普者黑湖、茈碧湖、海西海和程海，均值范围为 0.451~6.349 mg/m³；第二组为杞麓湖、大屯海和长桥海，均值介于 51.641~64.472 mg/m³ 之间，Chla 浓度较高；第三组为异龙湖，为调查湖泊中 Chla 浓度均值最高的湖泊，达到 170.846 mg/m³；第四组为星云湖，星云湖为变异系数最大的湖泊，达到 148.878%，表现为强变异性。由此可知，滇西地区湖泊 Chla 浓度最低，滇南地区最高。

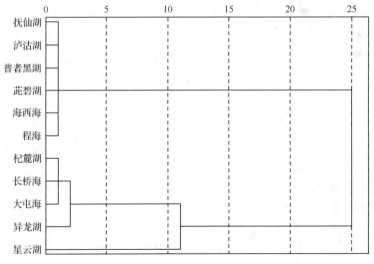

图 2-79 云南调查湖泊水质差异性

表 2-51　云南省湖泊浮游植物生物量聚类分析

类别	数目	湖泊名称
Chla 浓度最低	6	抚仙湖、泸沽湖、普者黑湖、茈碧湖、海西海、程海
Chla 浓度较高	3	杞麓湖、长桥海、大屯海
Chla 浓度最高	1	异龙湖
Chla 浓度较高且具有强变异性	1	星云湖

2.7.6　云南省湖泊区域差异性聚类分析

结合因子分析的结果，对云南省调查湖泊富营养化发展水平进行聚类分析。当聚类数目为 6 时，分类较明显（图 2-80）。

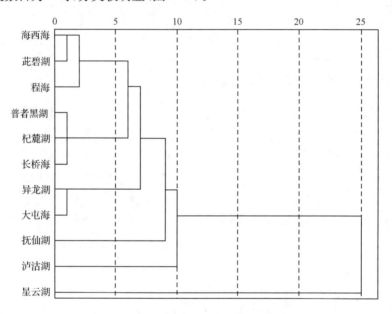

图 2-80　云南调查湖泊水质差异性

第一类是海西海、茈碧湖和程海，这三个湖泊环境类型最相似，最先聚为一类。主成分分析中，各因子均为负值，在平均水平以下，富营养化状态较稳定。

第二类是长桥海、普者黑湖和杞麓湖，富营养化发展水平一般。

第三类是大屯海和异龙湖，富营养化发展水平较高，主要受氮营养盐及浮游植物生物量 Chla 浓度的影响。

第四类是抚仙湖，是深水湖泊，湖泊形态特征和其他湖泊差异较大，除磷营养盐外其他各营养盐水平较低，磷营养盐中底泥磷含量是主要的影响因素。

第五类是泸沽湖，亦为深水湖泊，湖泊形态特征和其他湖泊差异较大，各营养盐水平较低,与其他湖泊差异性较大。

第六类是星云湖,富营养化发展水平最高。星云湖主要受磷营养盐浓度影响,第二主成分得分达到了19.105,远远超出平均水平。综合得分为第一位。

综上所述,云南省湖泊富营养化发展水平与氮和磷营养盐含量、Chla 浓度、湖泊本身的形态特征、湖泊自净能力等因素有很大关系。对于深水湖泊(抚仙湖、泸沽湖)的富营养化趋势主要与湖泊本身的形态特征和湖泊的自净能力有关,其他湖泊则受到湖泊内氮磷等营养盐的输入和沉积物中各营养盐的释放等因素的影响。整体的分布趋势呈现出滇西地区富营养化发展水平低,滇南和滇中地区最高的特征。

从 2009 年秋开始,云南连续发生了多次旱灾。这对云南省高原湖泊的水环境产生了巨大的影响。云南省高原湖泊大多是封闭或半封闭湖泊,降雨及入湖河流是主要补给源。而入湖河流多为季节性河流,受降雨调节。旱灾期间,云南省高原湖泊失去了关键的补给来源,致使湖泊水位大幅下降,如抚仙湖下降两米左右,长桥海、异龙湖等湖泊水位下降更甚。

2.7.7 富营养化相关指标跃迁分析

除 2009~2011 年现场监测的 11 个湖泊之外,由地方监测站搜集到 18 个湖泊的水质数据,以各富营养化关键要素作为标准从小到大将这 29 个湖泊进行状态排序。从 1 到 29 依次为泸沽湖、抚仙湖、茈碧湖、果林水库、属都湖、茈碧湖外湖、云龙水库、程海、阳宗海、剑湖、碧塔海、海西海、松茂水库、松华坝水库、洱海、双化水库、月湖、西湖、玉华水库、清一街水库、星云湖、白沙河水库、长桥海、滇池、杞篱湖、草甸海、石龙坝水库、大屯海、异龙湖。然后利用 change-point analyzer 2.3 进行分析,结果如图 2-81 所示,每一块连续的色块一种状态,可见 29 个高原湖库就营养物状态而言存在明显的分异现象。

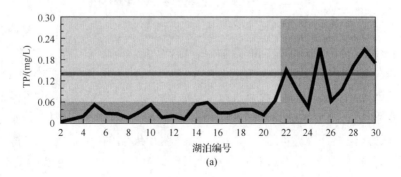

(a)

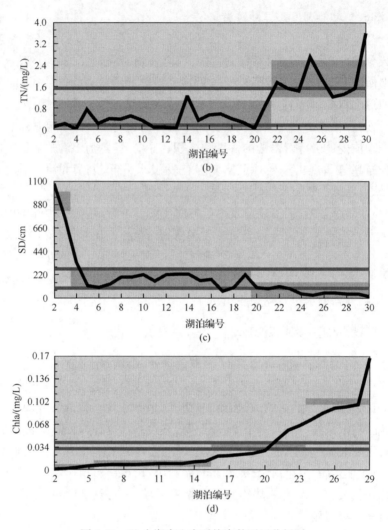

图2-81 29个湖库生态系统参数跃迁分析图

就滇池而言,自"七五"起到"八五"期间,昆明市先后颁布了《滇池保护条例》、《松华坝水源保护区管理规定》和《滇池综合整治大纲》等地方性法规和规章;在滇池沿岸建起了124.7 km的湖堤和处理能力为5.5万 m^3/d 的第一座污水处理厂,对一些污染重、治理难度大的项目进行了"关、停、并、转"等措施;成立了滇池保护委员会及办公室,设立了滇池治理基金和昆明滇池研究会。"九五"期间,滇池水污染防治被列入全国环保重点工程,1997年,昆明市编制的《滇池流域水污染防治"九五"计划及2010年规划》(以下简称《计划》)于1998年得到国务院的批准,截止到2002年年底,《计划》中涉及的城市污水处理、工业污染源治理、面源污染治理、内污染源治理、水资源调配五大工程措施均已完成。"八五"到"九五"期间,滇池草海湖水中总氮和总磷浓度均有所下降,但滇池外海湖水中总氮和总磷浓度有上升的趋势(图2-82和图2-83)。"八五"末期到"九五"期间,滇池外海及草海湖水中高锰酸盐指数均呈现下降趋势(图2-84),滇池草海湖水中高锰酸盐指数下降最为明显,由"八五"前期的劣Ⅴ类改善为Ⅱ~Ⅳ类。"十五"时期,滇池流域全面开展了城市污染源控制,严控工业污染源,并开展面源污染防治、建设生态修复示范工程等项目。"十五"期间,滇池草海湖水中总氮和总磷浓度有所反弹,而滇池外海湖水中总氮和总磷的浓度呈下降趋势,但由于草海污染严重,导致滇池全湖总氮和总磷浓度较"八五"和"九五"有所上升。由图2-85和图2-86可知,滇池草海的富营养化程度较滇池外海严重,已经达到重度富营养化。

以滇池1957~2008年的变化为研究对象,分析发现TN、TP、SD及Chla存在明显营养物分异现象,具体情况见图2-87及图2-88。

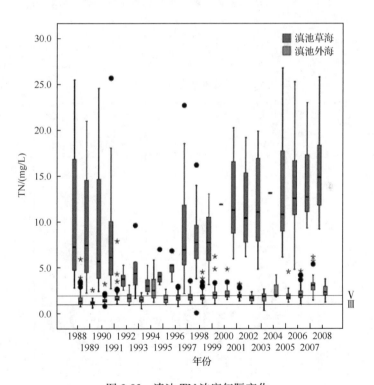

图2-82 滇池TN浓度年际变化

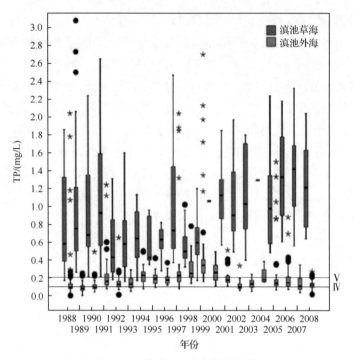

图 2-83　滇池 TP 浓度年际变化

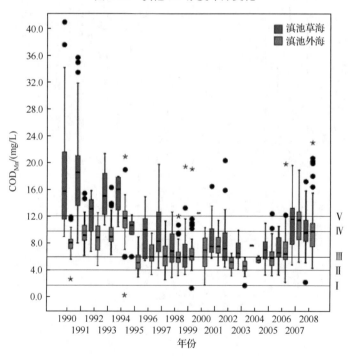

图 2-84　滇池 COD_{Mn} 年际变化

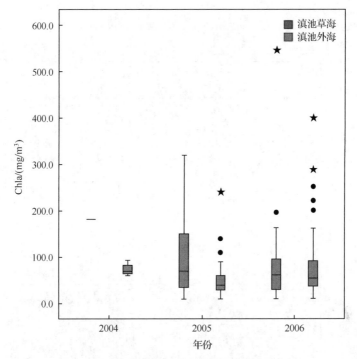

图 2-85 滇池 Chla 浓度年际变化

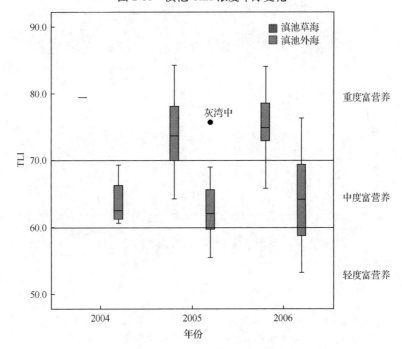

图 2-86 滇池 TLI 指数年际变化

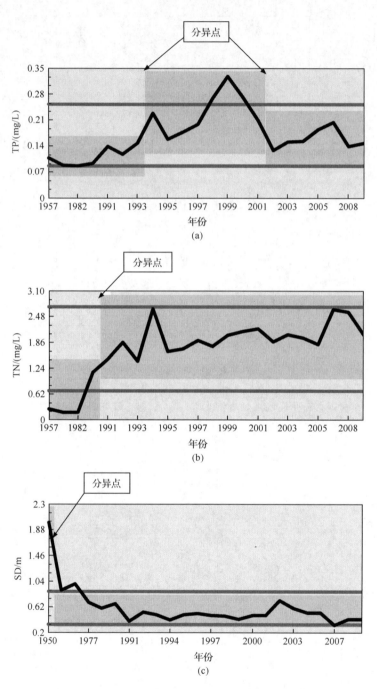

图 2-87 滇池 50 年来理化因子变化分析

1957~2005 年数据引自：莫美仙等，2007；余国营等，2000；柘元蒙，2002

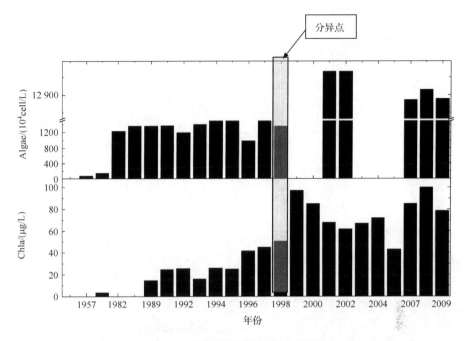

图 2-88 滇池浮游植物历史分异现象

2.8 东北平原-山地湖区湖泊富营养化概况

2.8.1 东北平原-山地湖区自然地理和社会经济概况

东北平原-山地湖区是指我国黑龙江、吉林和辽宁等省份境内的湖泊(图 2-89),湖泊总面积为 3800 km², 约占全国湖泊总面积的 4.6%,湖泊率为 0.3%。湖区位于中纬度亚洲大陆,地处中国温带湿润、半湿润季风气候带,属温带大陆性气候区。气候特点是春季风大,干旱;夏季短而温凉多雨,入湖水量比较丰富;秋季凉爽,早霜;冬季长而寒冷多雪,湖水结冰期大多长。东北平原-山地湖区大多受火山活动的影响,如镜泊湖、五大连池和白头山天池等,都属于这一类型的湖泊。此外在大片沼泽湿地上,也有一些大小不等湖泊,当地称为泡子或咸泡子,此类湖泊均较浅,含盐量较高。

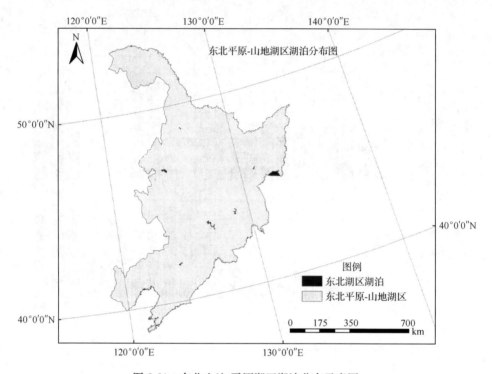

图 2-89 东北山地-平原湖区湖泊分布示意图

2.8.2 东北平原-山地湖区典型湖泊富营养化状况

在东北平原-山地湖区,选取典型的十个湖泊(图 2-90),对其富营养化现状进行评价。由表 2-52 和表 2-53 可知,评价的 10 个典型湖库中,从已测定的季节来看,东北典型湖库无贫营养湖库。冬季(2010 年冬季和 2011 年冬季)以中营养为主,其中松花湖在 2011 年冬季呈现轻度富营养状态。2010 年秋季连环湖水体污染指数为 61.53,达到中度富营养化状态,兴凯湖、五大连池和桃山水库水体为轻度富营养化状态,其他湖库为中营养状态。2011 年秋季连环湖水体污染指数也较高,为 62.32,为中度富营养化水平,桃山水库和西泉眼水体达到轻度富营养的状态,其他湖库水体水质较好,为中营养化水平。2010 年春季兴凯湖污染指数为 58.49,呈轻度富营养化,五大连池水质尚好,为中营养状态。2011 年春季,大伙房水库、松花湖和桃山水库污染指数分别为 47.2、49.91 和 45.93,为中营养状态,而其余湖库水体达到轻度富营养化的水平。2010 年夏季,兴凯湖和五大连池水体为轻度富营养化状态,镜泊湖和大伙房水库为中营养水平。2011 年夏季莲花湖和桃山水库水体呈现中度富营养化状态,镜泊湖、红旗泡和西泉眼水体呈现轻度富营化状态,松花湖和磨盘山水库水体水质较好,为中营养化水平。全年评价的十个湖库中从整体趋势来看,富营养化程度夏季最高,其次为秋季,再次为春季,最后为冬季。

图 2-90　东北平原-山地湖区 10 个典型湖库示意图

表 2-52　东北湖库不同季节富营养化状态

湖库	项目	2009年秋	2010年冬	2010年春	2010年夏	2010年秋	2011年春	2011年秋
兴凯湖	指数值	52.97	48.38	58.49	55.95	57.43	53.18	49.34
	营养状态	(轻度)富营养	中营养	(轻度)富营养	(轻度)富营养	(轻度)富营养	(轻度)富营养	中营养
五大连池	指数值	47.19	46.62	44.17	56.36	52.37		
	营养状态	中营养	中营养	中营养	(轻度)富营养	(轻度)富营养		

表 2-53　东北湖库不同季节富营养化状态

湖库	项目	2010年夏	2010年秋	2011年冬	2011年春	2011年夏	2011年秋
镜泊湖	指数值	49.88	47.1	35.62	52.29	52.78	44.18
	营养状态	中营养	中营养	中营养	(轻度)富营养	(轻度)富营养	中营养
大伙房水库	指数值	45.71	44.63	45.27	47.2		42.56
	营养状态	中营养	中营养	中营养	中营养		中营养
松花湖	指数值		48.53	51.01	49.91	47.71	46.61
	营养状态		中营养	(轻度)富营养	中营养	中营养	中营养
红旗泡	指数值		47.97	38.52	52.99	54.76	49.5
	营养状态		中营养	中营养	(轻度)富营养	(轻度)富营养	中营养
连环湖	指数值		61.53	44.01	51.36	62.76	62.32
	营养状态		(中度)富营养	中营养	(轻度)富营养	(中度)富营养	(中度)富营养
桃山水库	指数值		59.33	47.88	45.93	61.04	52.34
	营养状态		(轻度)富营养	中营养	中营养	(中度)富营养	(轻度)富营养
西泉眼水库	指数值			31.77	52.49	52.30	53.45
	营养状态			中营养	(轻度)富营养	(轻度)富营养	(轻度)富营养
磨盘山水库	指数值			30.66	59.9	46.29	43.71
	营养状态			中营养	(轻度)富营养	中营养	中营养

2.8.3 东北平原-山地湖区富营养化相关水质指标的区域差异性

1. 氮指标

1) 总氮(TN)

如图 2-91 所示,选取的十个典型湖库中,红旗泡和西泉眼水库的 TN 平均值最低,分别为 0.76 mg/L 和 0.71 mg/L,大伙房水库平均值最高,为 2.99 mg/L,其次为松花湖,其他湖库差异不大。

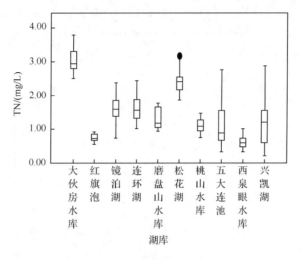

图 2-91 不同湖库水体 TN 变化

2) 总溶解氮(TDN)

图 2-92 为十个典型湖库的 TDN 变化,红旗泡和西泉眼水库的平均值最低,大伙房水库和松花湖的平均值最高,且出现多个离群点。最高值出现在大伙房水库2011 年 10 月,达到 2.68 mg/L;最低值出现在西泉眼水库中,为 0.31 mg/L。

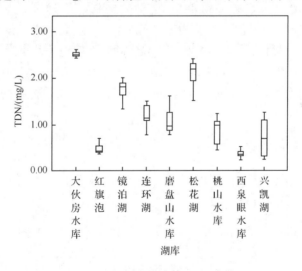

图 2-92 不同湖库水体 TDN 变化

3) 可溶性无机氮(DIN)

从图 2-93 可以看出,不同湖库 DIN 差异较大,其中大伙房水库和松花湖平均值较高,分别为 2.36 mg/L 和 2.29 mg/L。红旗泡、桃山水库、西泉眼水库以及兴凯湖的 DIN 平均值都比较低。同时离散点较多,说明季节变化影响较大。

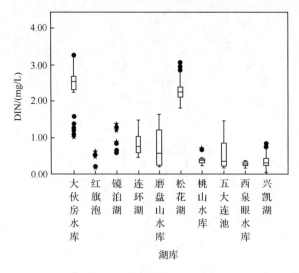

图 2-93 不同湖库水体 DIN 变化

4) 氨氮(NH_4^+-N)

图 2-94 描述了不同湖库水体 NH_3-N 变化,其中最大值出现在五大连池 2011 年冬季,达到 1.15 mg/L,连环湖和五大连池的总平均值最高,都为 0.36 mg/L,而大伙房水库、松花湖和磨盘山水库的平均值最低,分别为 0.06 mg/L、0.07 mg/L 及 0.036 mg/L。其他湖库为桃山水库＞兴凯湖＞红旗泡＞西泉眼水库＞镜泊湖。NH_4^+-N 分别为 0.23 mg/L、0.22 mg/L、0.17 mg/L、0.15 mg/L、0.14 mg/L。兴凯湖是由多个大小不同的湖组成,夏季并没有随微生物及动植物的大量生长而消

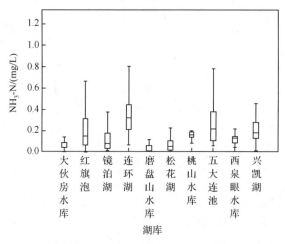

图 2-94 不同湖库水体 NH_3-N 变化

耗太多,因此,兴凯湖 NH_4^+-N 含量较高。一般情况下冬季 NH_4^+-N 值高于夏季,这是由于冬季水体中生物的活性被低温抑制,对 NH_3-N 的利用率很低而形成 NH_3-N 的积累。

5) 硝酸盐氮(NO_3^--N)

图 2-95 显示了不同湖库水体 NO_3^--N 含量变化,其中大伙房水库和松花湖中平均值最高,主要原因是大伙房水库、松花湖水体流动性较强,各点位之间的指标差异较小,且 TN 含量比较大,以及周边环境污染严重、旅游业的发展等。其次是镜泊湖(0.72 mg/L)、连环湖(0.52 mg/L)、磨盘山水库(0.46 mg/L),五大连池、西泉眼水库、桃山水库、兴凯湖、红旗泡 NO_3^--N 含量较少,分别为 0.21 mg/L、0.19 mg/L、0.19 mg/L、0.15 mg/L、0.14 mg/L。最大值出现在 2011 年 1 月的大伙房水库,为 3.22 mg/L,最小值出现在 2010 年 6 月的兴凯湖,为 0.01 mg/L。兴凯湖水体氮素指标基本以一年为周期呈规律性变化,且受人为、环境等因素影响较显著。

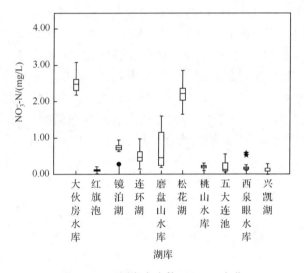

图 2-95 不同湖库水体 NO_3^--N 变化

2. 磷指标

1) 总磷(TP)

图 2-96 所示为东北典型湖库水体 TP 浓度变化趋势。磷在水体中的含量与湖泊的营养程度有极为密切的关系,它在一定程度上反映了湖泊磷营养水平的高低。其中,大伙房水库、磨盘山水库、五大连池及西泉眼水库的 TP 浓度在所有湖库中相对较低,其平均值分别为:大伙房水库 0.034 mg/L,磨盘山水库水体 TP 含量平均值为 0.045 mg/L,由于 6 月和 7 月降水较多,农业面源污染导致 TP 含量

升高,除此两次之外,其他数值都较低,最小值为 0.009 mg/L,出现在 2011 年 8 月的拉林河段;五大连池水体 TP 浓度平均值为 0.068 mg/L,最大值为 0.144 mg/L,最小值为 0.030 mg/L;西泉眼水库的水体 TP 浓度平均值为 0.063 mg/L,最大值为 0.138 mg/L,出现在 2011 年 5 月的 3 号点位,最小值为 0.039 mg/L,5 月水体 TP 浓度大于其他月份;红旗泡水体 TP 浓度为 0.059 mg/L,出现极值较多,数值不连续,个案差距较大,最大值为 0.179 mg/L,出现在 2011 年 5 月的 1 号点位,而且 2011 年 5 月其他点位的水体 TP 浓度也相对较高,数值都在 0.150 mg/L 左右浮动,高于 1 月平均值 5 倍,高于 8 月和 10 月平均值 3 倍,其他月份 HH3(红旗泡 3 号点位)水体 TP 浓度较高,主要是因为 3 号点位位于红旗泡水库入水口,而其他各点都经过稀释作用,所以含量相对较低;镜泊湖水体 TP 浓度分布趋势较平均,没有显著极值的出现,复合典型湖库冬夏二季的变化规律,其平均值为 0.063mg/L,最高值为 0.178mg/L,出现在 2011 年 5 月的 6 号点位,同月其他点位也出现水体 TP 浓度较高的情况,5 月平均值在 0.1 mg/L 左右,5 月春季含量最高,12 月冬季含量最低;连环湖水体 TP 浓度偏高,平均值达到 0.258 mg/L,最大值除去异常的 3.156 mg/L,为 0.548 mg/L,出现在 2011 年 5 月的 HL4N(那什代泡),最小值为 0.033mg/L,出现在 2011 年 12 月 HL3E(二八股泡),在 2011 年 10 月 HL1T(他拉红泡),出现异常值,已经超出正常测量范围,讨论无意义,所以在箱图中不予体现,中位值 0.122 mg/L,在 2011 年 1 月与 2011 年 12 月水体中总磷浓度相对较低,5 月与 8 月水体总磷浓度较高,大大超出了水体中藻类疯长的临界值(0.02 mg/L),在 5 月、7 月、8 月 TP 浓度均有较高值,表明其水体磷营养盐主要来自农业面源的污染;松花湖水体 TP 浓度平均值为 0.053 mg/L,2010 年 5 月的平均值为 0.042 mg/L,2010 年 8 月的平均值为 0.048 mg/L,2010 年 10 月平均值为

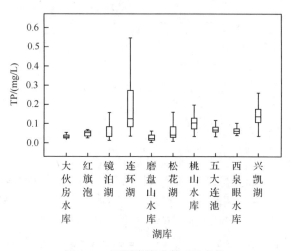

图 2-96 不同湖库水体 TP 变化

0.091 mg/L,2011 年 1 月平均值为 0.078 mg/L,2011 年 5 月平均值为 0.074 mg/L,2011 年 8 月平均值较低,为 0.017 mg/L,2011 年 10 月平均值为 0.043 mg/L,12 月为 0.039 mg/L,不难看出,松花湖 2011 年度水体 TP 浓度整体少于 2010 年度,只有 2011 年 5 月的水体 TP 浓度大于 2010 年,其他东北地区湖库也有此种情况的出现,通过降水量调查,2011 年 5 月东北地区降水量是 2010 年同期的 2 倍,可以推测水体 TP 浓度高于 2010 年的原因是受到降水量增大的影响,松花湖水体 TP 浓度最大值为 0.160 mg/L,出现在 2011 年 10 月 JS5X(松花湖 5 号下层),最小值为 0.008 mg/L,出现在 2011 年 8 月 JS5Z(松花湖 5 号中层),由于松花湖表面积很大,所以导致了最大值与最小值差距较大;桃山水库水体 TP 浓度范围在 0.356~0.033 mg/L,平均值为 0.107 mg/L,TP 浓度偏高,2011 年 5 月平均值为 0.195 mg/L,为月平均值中最高,2011 年 1 月平均值为 0.037 mg/L,为月平均值中的最低值;兴凯湖水体 TP 浓度范围在 0.490~0.033 mg/L,平均值为 0.153 mg/L,可以看出,兴凯湖的 TP 浓度总体偏高,富营养化程度较严重,2010 年 6 月水体 TP 浓度平均值达到 0.165 mg/L,2011 年 5 月水体 TP 浓度平均值达到 0.234 mg/L,从 2010 年与 2011 年近两年的趋势来看,2011 年四季度的水体 TP 浓度平均值大于 2010 年同期的 10%以上,但 10 月秋季均值除外,2010 年 10 月水体 TP 浓度达到 0.232 mg/L,是 2011 年同期的 1.5 倍。

2) 可溶性有机磷(DOP)

图 2-97 为十个湖库的 DOP 浓度箱图。DOP 一般指藻类等生物体积累的有机磷,也可是水体中的磷脂、磷酶等。在酶类的水解下,可使有机磷转化成溶解性无机磷。大伙房水库、镜泊湖、磨盘山水库与西泉眼水库中,生物积累有机磷浓度基本处于同一水平,各季度综合平均值分别为 0.005 mg/L、0.009 mg/L、0.008 mg/L、

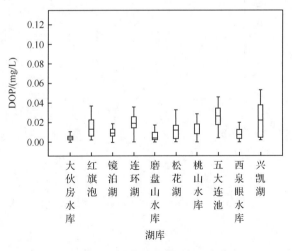

图 2-97 不同湖库水体 DOP 变化

0.009 mg/L,最大值分别为 0.018 mg/L、0.019 mg/L、0.027 mg/L、0.020 mg/L,大伙房水库与磨盘山水库均有极值的出现,红旗泡水库、松花湖、桃山水库、五大连池生物积累有机磷浓度各季度综合平均值相差不大,分别为 0.016 mg/L、0.011 mg/L、0.013 mg/L、0.010 mg/L,此四湖生物积累有机磷浓度分布较平均,且均无极值的出现,说明这四个湖泊的水生植物以及微生物参与的磷循环尚在可控范围之内,而连环湖与兴凯湖的生物积累有机磷浓度较高,其各季度综合平均值分别为 0.024 mg/L 和 0.023 mg/L,最大值分别为 0.103 mg/L 和 0.053 mg/L,连环湖最大值出现在 2011 年 10 月的 HL1T(连环湖他拉红泡),此位点水体溶解性磷浓度非常高,为 0.307 mg/L,其他位点没有出现此类情况,推测此位点受到点源污染的可能较大,影响了此位点的可溶性磷浓度,进而影响了水体中生物积累有机磷浓度。

3. 其他指标

1) 叶绿素 a(Chla)

图 2-98 是东北典型的十个水库 Chla 的箱图,Chla 是浮游植物现存量的重要指标,水体 Chla 含量的高低能够反映水体的营养状况。如图所示,各个湖库的平均值差异较大,桃山水库 Chla 值最高,其平均值为 24.42 g/m³,Chla 的含量较高,大伙房水库的平均值最低,为 3.69 g/m³,Chla 的含量低。总体上看,大伙房水库、镜泊湖、松花湖、兴凯湖 Chla 值都较低,桃山水库、西泉眼水库 Chla 含量相对较高。

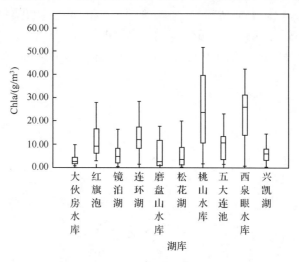

图 2-98　不同湖库水体 Chla 变化

2) 透明度(SD)

图 2-99 是东北典型的十个湖库的 496 个位点透明度的箱图,如图所示,各个

湖泊的透明度平均值相差很大,其中连环湖的透明度最低,平均值为20.3 cm,各个水位点的透明度相差不大,水体透明度平均,大伙房水库的透明度最高,但各个水位点的透明度相差过大。五大连池在某些位点,可能与平均水平存在偏差。

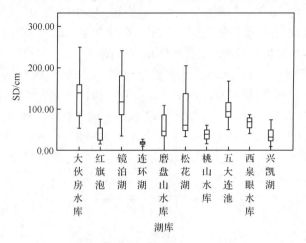

图 2-99　不同湖库水体 SD 变化

3) 溶解氧(DO)

图 2-100 是十个湖库的 DO 值箱图,兴凯湖 DO 值最高,为 10.4 mg/L,桃山水库的平均值为最低,为 7.14 mg/L,其余各湖的平均值差异不大,大伙房水库、镜泊湖、兴凯湖各个水位点的 DO 值差异较大,磨盘山水库、西泉眼水库各个水位点的 DO 值差异较小。

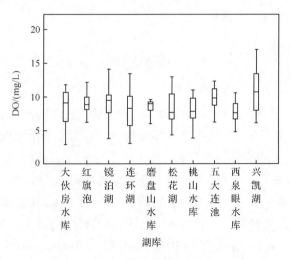

图 2-100　不同湖库水体 DO 变化

4) pH

图 2-101 是十个湖库 pH 箱图,在各项测量因子中,pH 最能直接表示湖库酸碱情形。大伙房水库 pH 的变化范围在 6.47～8.65,其平均值为 7.53;红旗泡的变化范围在 7.34～8.90,平均值为 8.34;镜泊湖的变化范围在 6.54～8.30,平均值为 7.48;连环湖变化范围在 7.89～9.65,平均值为 9.08;磨盘山水库变化范围在 7.00～8.18,平均值为 7.30;松花湖的变化范围在 6.04～9.49,平均值为 7.47;桃山水库变化范围在 7.40～8.95,平均值为 8.12;五大连池的变化范围在 7.17～9.60,平均值为 8.43;西泉眼水库的变化范围在 7.31～9.32,平均值为 8.00;兴凯湖的变化范围在 7.10～8.94,平均值为 7.93。不同水体的 pH 平均值大小依次为:连环湖＞五大连池＞红旗泡＞西泉眼水库＞兴凯湖＞大伙房水库＞镜泊湖＞松花湖＞磨盘山水库。各个湖库均呈弱碱性,连环湖碱度最高,磨盘山水库碱度最低。

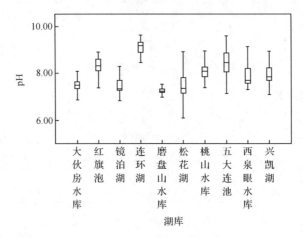

图 2-101 不同湖库水体 pH 变化

5) 高锰酸盐指数(COD_{Mn})

图 2-102 是十个湖库 COD_{Mn} 的箱图,COD_{Mn} 是反映清洁和较清洁水体中有机和无机可氧化物质污染的常用指标。如图所示,连环湖、桃山水库和五大连池的 COD_{Mn} 相对很高,平均值分别为 5.53 mg/L、5.51 mg/L、4.61 mg/L。连环湖平均值相对其他湖库要高,不同水体的 COD_{Mn} 的平均指数存在差异,大伙房水库 COD_{Mn} 范围在 1.70～4.89 mg/L,平均值为 2.90 mg/L;红旗泡的指数范围在 1.60～7.12 mg/L,平均值为 4.22 mg/L;镜泊湖的指数范围在 3.06～7.44 mg/L,平均值为 4.45 mg/L;连环湖的指数范围在 2.34～8.08 mg/L,平均值为 5.84 mg/L、磨盘山水库的指数范围在 1.08～6.54 mg/L,平均值为 3.68 mg/L;松花湖的指数范围在 3.04～6.45 mg/L,平均值为 4.10 mg/L;桃山水库的指数范

围在 2.02~7.36 mg/L,平均值为 5.08 mg/L;五大连池的指数范围在 1.42~7.44 mg/L,平均值为 4.19 mg/L;西泉眼水库的指数范围在 4.08~6.45 mg/L,平均值为 4.97 mg/L;兴凯湖的指数范围在 1.08~6.45 mg/L,平均值为 4.06 mg/L。其中连环湖的 COD_{Mn} 最高,大伙房水库平均指数最低。其受污染程度即指数大小依次为:连环湖>桃山水库>西泉眼水库>镜泊湖>红旗泡>五大连池>松花湖>兴凯湖>磨盘山水库>大伙房水库。

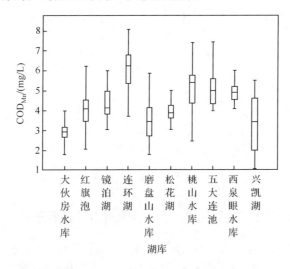

图 2-102 不同湖库水体 COD_{Mn} 变化

6) 五日生化需氧量(BOD_5)

图 2-103 是十个湖库 BOD_5 的箱图,如图所示,我国地表水水质污染以耗氧有机污染为主,而 BOD_5 是水中可降解的有机污染物含量的反映,是水质监测的重要指标之一。BOD_5 不仅可以反映水中有机污染物的含量,而且可以体现河流的污染负荷及其自净能力,是评价水体水质的重要指标。如图 2-103 所示,大伙房水库的 BOD_5 范围在 0.31~3.73 mg/L,平均值为 2.33 mg/L;红旗泡的范围在 0.05~6.15 mg/L,平均值为 2.61 mg/L;镜泊湖的范围在 0.17~8.09 mg/L,平均值为 3.25 mg/L;连环湖的范围在 0.03~6.25 mg/L,平均值为 2.80 mg/L;磨盘山水库范围在 0.51~2.32 mg/L,平均值为 1.41 mg/L;松花湖的范围在 1.03~4.40 mg/L,平均值为 2.05 mg/L;桃山水库的范围在 0.20~6.45 mg/L,平均值为 1.92 mg/L;五大连池范围在 0.61~9.09 mg/L,平均值为 4.10 mg/L;西泉眼水库的范围在 0.92~4.89 mg/L,平均值为 2.32 mg/L;兴凯湖范围在 0.13~7.07 mg/L,平均值为 3.25 mg/L。不同水体的 BOD_5 的平均大小依次为:五大连池>兴凯湖、镜泊湖>连环湖>红旗泡>大伙房水库>西泉眼水库>松花湖>桃山水库>磨盘山水库。其中 BOD_5 平均值最高的湖库为五大连池,最低的为磨盘

山水库。

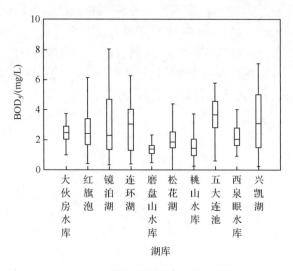

图 2-103　不同湖库水体 BOD_5 变化

2.8.4　东北平原-山地湖区湖泊营养状态变化趋势及原因分析

东北平原-山地湖区由于气温比较低,常年水温难以达到水华藻类生长的适宜温度,富营养化程度不明显。但是近年来,东北平原-山地湖区的大部分湖泊都受到了富营养问题的威胁。根据本研究分析,东北典型湖库无贫营养湖库。东北典型湖库以中营养为主,其中松花湖在 2011 年冬季呈现轻度富营养状态。兴凯湖、五大连池和桃山水库水体为轻度富营养化状态,其他湖库为中营养状态。综合十个湖库的数据可知,东北典型湖库处于轻度富营养状态。

东北平原-山地湖区的湖泊富营养化进程加快主要有两方面的原因:一方面,周边有大量的耕地,化肥及农药施用量都很大,农药主要以有机磷农药为主。当地耕地多为坡地,水土流失较为严重,这是该湖区氮和磷的主要来源之一。另一方面,由于上游沿岸有居民居住,生活污水和生活垃圾一部分进入湖区,沿岸农村的人畜粪便基本属于无组织排放,尤其是氮磷等有机污染物使湖中营养盐增加,藻类含量增大。

第3章 中国湖泊自然地理特征差异

3.1 地形地貌特征差异

我国地形复杂多样,平原、高原、山地、丘陵、盆地五种地形均有分布。总体而言,我国地势西高东低,高山、高原都分布在大兴安岭—太行山—巫山—雪峰山一线以西,丘陵和平原主要分布在这一线以东。这种西高东低的地形,按海拔的差别,略呈阶梯状分布,可以分为以下较明显的三级阶梯。

(1) 第一级阶梯。第一级阶梯是三个阶梯中海拔最高的阶梯,平均海拔在4000 m以上,是号称"世界屋脊"的青藏高原。此阶梯面积广大,在它的南沿是高耸入云的喜马拉雅山脉,屹立于印度次大陆印度河—恒河平原之北,山脉主脊海拔平均7000 m左右,矗立于中国、尼泊尔边境的世界最高峰——珠穆朗玛峰海拔8844.43 m;它西与帕米尔高原相接,北以昆仑山脉、祁连山脉,东以横断山脉同第二阶梯区分,地势从海拔4000 m以上急剧下降到海拔1000~2000 m的下一级高原、盆地。第一级阶梯面的形成是印度板块不断插入青藏高原底部所致。每当印度板块北移,青藏高原亦相应上升。从4000万年前开始,印度板块就不断北移,到现在,这一板块已大部分插入青藏高原下面,把青藏高原抬高为世界最高的高原,这里地壳厚达70 km。高原面上横亘着几条近乎东西走向的山脉,自北向南依次为昆仑山、唐古拉山、冈底斯山-念青唐古拉山,海拔为6000~7000 m。

(2) 第二级阶梯。介于青藏高原与大兴安岭—太行山—巫山—雪峰山之间,其中包括内蒙古高原、黄土高原、云贵高原和塔里木盆地、准噶尔盆地、四川盆地等地区,海拔一般为1000~2000 m,唯四川盆地较低,海拔在500 m以下。这一级阶梯面有些在1亿年前的白垩纪时代已经形成,比较年轻的部分也都有3000万年的历史。它经受地壳运动的次数较多,地壳、断陷和抬升也较显著。断陷的地方往往成为盆地,如塔里木盆地和准噶尔盆地,而在这两个盆地之间的天山山脉却拔地而起,最高达7000多米,但在山顶部还保留着平缓的山顶面。深陷的盆地以吐鲁番盆地、四川盆地为代表。吐鲁番盆地最低处的艾丁湖湖底,低于海平面155 m。

(3) 第三级最低阶梯。位于大兴安岭—太行山—巫山—雪峰山以东。自北而南,包括海拔200 m以下的东北平原、华北平原和长江中下游平原,还有海拔数百米的丘陵和海拔达3000 m以上的台湾山地。这一级阶梯的地形面受破坏较烈,原来的古陆已被断裂、切割、剥蚀成现在的丘陵状。广大的平原发生于沿岸沉降地带,生成年代较新。至今一些沿海地区仍在不断淤积成陆。由海岸线向东,则是碧波万顷的海洋,沿海岛屿和南海诸岛星罗棋布,在水深不足 200 m 的大陆水下延伸部分,是浅海大陆架区域,也属于第三级阶梯。

3.1.1 湖泊成因分析

湖泊是在一定的地理环境下形成和发展的,并且与环境诸因素之间进行着相互作用和影响。我国湖泊按成因可划分为八种类型,即构造湖、火山口湖、堰塞湖、冰川湖、盐溶湖、风成湖、河成湖和海成湖,我国湖泊成因类型与分布见表 3-1。我国湖泊主要是以构造湖为主,在不同湖区均有构造湖分布。与此同时,各区域湖泊成因各不相同,东北湖区以火山口湖和堰塞湖为主;青藏高原及新疆集中分布着冰川湖;云贵高原的湖泊主要是构造湖,另外还有火山口湖和盐溶湖;东部平原除了构造湖外,主要以河成湖为主;内蒙古和新疆的沙地主要是风成湖;而山东、广东和河北等地的沿海地区主要是海成湖。

表 3-1 我国湖泊成因类型与分布

类型	成因	地区分布	典型湖泊
构造湖	与地质构造的因素有关,是中国湖泊的主要类型	云贵高原、青藏高原、柴达木盆地、内蒙古、新疆和长江中下游地区	异龙湖、杞麓湖、滇池、抚仙湖、阳宗海、洱海、程海、泸沽湖、鄂陵湖、哈拉湖、青海湖、扎陵湖、羊卓雍错、玛旁雍错、呼伦湖、岱海、博斯腾湖、洞庭湖、鄱阳湖、巢湖、兴凯湖
火山口湖	火山喷火口休眠以后积水而成	东北、云南等地	腾冲火山口湖、白头山天池、五大连池等
堰塞湖	一类是由于火山喷发的熔岩流拦截河谷而形成的;另一类是由地震或冰川、泥石流引起的山崩滑坡物质堵塞河床而形成	火山堰塞湖在东北较为多见,而冰川或地震所形成的堰塞湖在西藏东南部较为常见	镜泊湖、五大连池、达里诺尔;易贡错、然乌错、古乡错
冰川湖	是由冰川挖蚀成的洼坑和水碛物堵塞冰川槽谷积水而成的一类湖泊	念青唐古拉山和喜马拉雅山区;新疆境内的阿尔泰山、天山和昆仑山;	帕桑错、新路海(四川甘孜)、喀拉斯湖、八宿错、布冲错、天池、果海
盐溶湖	碳酸盐类地层经流水的长期溶解产生了洼地或漏斗,当这些洼地或漏斗中的落水洞被堵塞后,泉水流入其中而成为湖泊	贵州、广西、云南等省区	草海、纳帕海、星湖、万峰湖、仰天湖、凤凰湖、异龙湖、澄碧湖和天池湖

续表

类型	成因	地区分布	典型湖泊
风成湖	沙漠中沙丘间的洼地低于潜水面,由四周沙丘汇集洼地而形成	毛乌素沙地、腾格里沙漠、塔克拉玛干沙漠、科尔沁沙地、浑善达克沙地及呼伦贝尔沙地	伊和扎格德海子
河成湖	河流泥沙在泛滥平原上堆积不均匀,造成天然堤之间的洼地积水而成;支流水系受阻,泥沙在支流河口淤塞,使河水不能排入干流而壅水成湖	江汉平原、淮河南岸、东北地区	南四湖、洪泽湖、城东湖、城西湖
海成湖	分布于滨海冲积平原地区,它是冲积平原与海湾沙洲封闭沿岸海湾所形成的湖泊	广东、山东、河北等沿海均有分布	太湖、西湖

3.1.2 各地形地貌湖泊分布概况

我国地貌以山地和高原为主体,形成巨大的地形阶梯,这种地貌特征及其诱导的东亚季风和南亚季风气候,决定了我国湖泊在空间分布上显示出具有区域特色的成层格局。由于区域自然地理环境的差异以及成因和发展演化阶段的不同,湖泊显示出不同的特点和多种多样的类型。按照自然地理特点和气候差异,可以将我国的湖泊分为五大湖区,即东部平原湖区、蒙新高原湖区、云贵高原湖区、东北平原-山地湖区和青藏高原湖区。其中,分布在青藏高原和蒙新高原地区的湖泊以闭流咸水湖和盐湖为主,表现出大陆腹地非季风气候区的环境特点;云贵高原的湖泊得到西南季风带来的降水的补给,为外流淡水湖,但因湖泊位于大的断裂带,是大河水系的分水岭地带,具有出流很小的半闭流特点,盐类易于积聚,其矿化度明显超过东部平原湖区的湖泊;分布于长江中下游平原、黄淮海平原、松嫩平原等地区的湖泊位于东亚季风盛行区,降水丰沛,湖泊、河流关系密切,多为淡水湖,但受人为活动影响明显,处于不同程度的富营养化过程之中。青藏高原、长江中下游平原是我国湖泊分布最密集的地区,大小湖泊星罗棋布,从而形成东、西相对的两大稠密湖群区,显示出我国湖泊深受构造、气候控制的区域分布特色。

第一级阶梯(主要是青藏高原湖区)内面积在 1.0 km² 以上的湖泊有 1091 个,合计总面积 44 993.3 km²,约占全国湖泊总面积的 49.5%,是地球上海拔最高、数量最多、面积最大的高原湖群区,也是我国湖泊分布密度最大的两大湖泊群区之一。其中,面积大于 10.0 km² 的湖泊有 346 个,合计面积 42 816.1 km²,占本区湖泊总面积的 95.2%。此阶梯内的湖泊成因复杂多样,但大多发育在一些和山脉平行的山间盆地或巨形谷地之中,其中大中型的湖泊,如纳木错、色林错、玛旁雍错等,都是由构造作用所形成,只有一些中、小型湖泊分布在崇山峻岭的峡谷区,属冰川湖和堰塞湖类型。本阶梯气候严寒而干旱,冬季湖泊冰封期较长,降水稀少,冰雪融水是湖泊补给的主要形式,湖泊水情虽有季节性变化,但水位变幅普遍较小,年内变幅一般不超过 50 cm;在强烈的蒸发作用下,湖水入不敷出,干化现象显著,湖泊在近期多处于萎缩状态,往往在滨岸区残留有多级古湖岸砂堤。本阶梯以咸水湖和盐湖为主,盐、碱等矿产资源是本阶梯湖泊资源开发利用的主要对象。但随着社会经济的发展,为数不多的淡水湖对水资源的开发无疑是有重要意义的。

第二级阶梯内主要有蒙新高原和云贵高原湖区,两大湖区内面积在 1.0 km² 以上的湖泊共计 832 个,总面积 20 899.7 km²,约占我国湖泊总面积的 22.8%,其中大于 10.0 km² 的湖泊 120 个,合计面积 19 147.63 km²。蒙新高原湖区一些大中型湖泊往往成为内陆盆地水系的尾闾和最后归宿地,发育成众多的内陆湖,只有个别湖泊如额尔齐斯河上游的哈纳斯湖、黄河河套地区的乌梁素海等为外流湖。蒙新高原湖区地处内陆,气候干旱,降水稀少,地表径流补给不丰,蒸发强度较大,超过湖水的补给量,湖水因不断被浓缩而发育成闭流类的咸水湖或盐湖。其中,鄂尔多斯高原、准噶尔盆地和塔里木盆地,咸水湖和盐湖分布相对集中。但本区也有一些微咸水湖,如岱海、呼伦湖等,由于湖水位波动幅度较大,湖形涨缩多变。沙漠广袤,在沙漠区边缘地带多有风成湖分布,是本区湖泊的又一显著特色。这些湖泊多是面积很小的小型湖泊,湖水浅,湖水补给以地下潜水形式为主,一遇沙暴侵袭,湖泊即可迅速被流沙所淹埋。云贵高原湖区内一些大的湖泊都分布在断裂带或各大水系的分水岭地带,如滇池位于金沙江支流普渡河的上游和南盘江的源头,抚仙湖和洱海分别位于南盘江的源头及红河与漾濞江的分水岭地带。湖泊水深岸陡,我国的第二深水湖——抚仙湖即位于本区,平均水深 87.0 m,其他如泸沽湖、阳宗海、洱海、程海等的平均水深也都在 10.0 m 以上。滩地发育远不如东部平原湖区的湖泊。入湖支流水系较多,而湖泊的出流水系普遍较少,有的湖泊仅有一条出流河道,湖泊尾闾落差大,水力资源较丰富。湖泊换水周期长,生态系统较脆弱。此外,岩溶地貌分布较广,经溶蚀作用而形成的岩溶湖也甚为典型,草海即是我国最大的岩溶湖。这类湖泊的入流和出流往往与地下暗河直接相关,湖泊水位年变幅较小。腾冲地区的火山湖规模较小,其中的青海是我国唯一的酸性湖。该区域纬度较低,属印度洋季风气候区,年内干湿季节转换明显,降水主要受夏季风即西南季风控制,5~10 月的降水量占全年降水量的 80% 以上,湖泊水位随降水量的季节变化而变化;湖水清澈,矿化度不高,全系吞吐型淡水湖,冬季亦无冰情出现。

第三级阶梯主要有东部平原湖区和东北平原-山地湖区,东部平原湖区主要指分布于长江及淮河中下游、黄河及海河下游和大运河沿岸的大小湖泊。该区域内面积 1.0 km² 以上的湖泊 696 个,合计面积 21 171.6 km²,约占全国湖泊总面积的 23.3%;其中面积在 10.0 km² 以上的湖泊 138 个,合计面积 19 587.5 km²;我国著名的五大淡水湖——鄱阳湖、洞庭湖、太湖、洪泽湖和巢湖即位于本区,是我国湖泊分布密度最大的地区之一,尤其是长江中下游平原及三角洲地区,水网交织,湖泊星罗棋布。本区湖泊在成因上多与河流水系的演变有关。在长江三角洲及沿海平原地区的一些湖泊,如太湖、淀山湖以及由古射阳湖分化解体出来的蜈蚣湖、大纵湖、得胜湖等,其形成与发展除与河流水系演变有密切关系外,还与海涂的发育及海岸线的变迁有着直接的联系。东部平原湖区濒临海洋,气候温暖湿润,水热条件优越,水系发达,湖泊的水源补给较丰。河湖关系密切,湖泊普遍具调蓄江河作用。但在季风气候支配下,降水分配不均,变率大,湖泊水情变化显著,水位的年内与年际之间有时相差悬殊。鄱阳湖、洞庭湖水位年变幅一般在 8~12 m。长江三角洲地区的湖泊,由于密集的水网调节,水位变化相对平稳,年内变幅一般在 1~2 m。为提高湖泊的调蓄作用,新中国成立后湖泊多已建闸控制,由天然湖泊转变为水库型湖泊,对减轻江河洪水威胁发挥着明显的调蓄功能。湖泊由于长期泥沙淤积面积日趋缩小,湖床渐被淤高,洲滩广为发育,普遍呈现潜水型湖泊的特点,多数湖泊平均水深只有 2.0 m 左右。例如,太湖平均水深 2.12 m,洪泽湖平均水深 1.77 m,巢湖平均水深 2.69 m;水位稍有升降,湖泊的面积即会相应发生相应变化。湖泊生物种类丰富、分布广,生物生产力相对较高,种群类型和生态结构复杂多样。资源类型多,蕴藏量丰富,开发利用历史悠久,人类活动影响强烈,也是本区湖泊的主要特色。资源开发利用的方式与途径以调蓄滞洪、供水、增值水产、围垦种植和沟通航运为主。随着泥沙的日渐淤积和围湖造田过度发展,本区湖泊数量和面积锐减,如"八百里洞庭",在数十年前还是我国最大的淡水湖,如今已是支离破碎,面积只有 2432.5 km²。湖泊数量和面积的减少,导致湖泊调蓄功能降低,湖区洪涝灾害日重。另外,社会经济的迅速发展和强烈的人类经济活动,还使得湖泊水体富营养化和水质污染有逐渐发展的趋势,这也是本区湖泊在资源开发利用上所面临的突出问题之一。

第三级阶梯内另一主要湖区是东北平原-山地湖区,该湖区内面积 1.0 km² 以上的湖泊 140 个,总面积 3955.3 km²,约占全国湖泊总面积的 4.4%。其中面积大于 10.0 km² 的湖泊 52 个,合计面积 3705.7 km²,占本区湖泊总面积的 93.7%。东北地区三面环山,中间为松嫩平原和三江平原,在平原地区有大片湖沼湿地分布,发育有大小不一的湖泊,当地习称为泡子或咸泡子。这类湖泊的成因多与近期地壳沉陷、地势低洼、排水不畅和河流的摆动等因素有关,湖泊具有面积小、湖盆坡降平缓、现代沉积物深厚、湖水浅、矿化度较高等特点。分布于山区的湖泊,其成因多与火山活动关系密切,是本区湖泊的又一重要特色。例如,镜泊湖和五大连池均是典型的熔岩堰塞湖；前者是牡丹江上游河谷经熔岩堰塞而形成的，为我国面积最大的堰塞湖；后者是在 1920～1921 年，由老黑山和火烧山喷出的玄武岩流堵塞纳谟尔河的支流——白河，并由石龙河所贯穿的五个小湖。白头山天池（中朝界湖）是经过数次熔岩喷发而形成的典型火山口湖，也是我国第一深湖，最大水深 373.0 m。本区地处温带湿润、半湿润季风型大陆性气候区，夏短而温凉多雨，6～9 月的降水量约占全年降水量的 70%～80%，汛期入湖水量颇丰，湖泊水位高涨；冬季寒冷多雪，湖泊水位低枯，湖泊封冻期较长。

3.1.3 各地形地貌湖泊水质现状差异性分析

选取位于不同地形地貌的典型湖泊作为研究对象，第一级阶梯为西藏自治区的纳木错、羊卓雍错、巴松错及青海省的青海湖；第二级阶梯为包括内蒙古高原的乌梁素海、纳林湖、牧羊海、郝驴驹，新疆维吾尔自治区的艾比湖、博斯腾湖、柴窝堡湖、吉力湖、喀纳斯湖、赛里木湖、乌伦古湖，云贵高原的洱海、泸沽湖、杞麓湖、大屯海等在内的 19 个湖泊；第三级阶梯为包括东北平原-山地的五大连池、镜泊湖、大伙房水库、松花湖、兴凯湖、红旗泡、连环湖、桃山水库，华北平原的白洋淀、于桥水库、洪泽湖、骆马湖、香涧湖、沱湖和天岗湖，长江中下游平原包括巢湖、洞庭湖、太湖、淀山湖在内的 21 个湖泊。根据 2009～2011 年对以上湖泊的现场监测结果（图 3-1 至图 3-4）可知，第一级阶梯（青藏高原）TN、TP 和 Chla 浓度为三级阶梯中

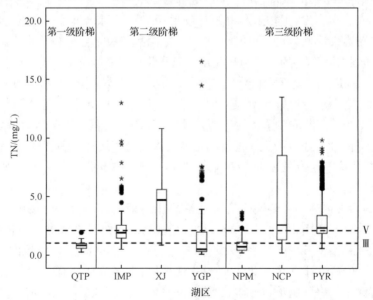

图 3-1　我国地形地貌三级阶梯内不同湖区 TN 浓度箱线图

QTP-Qinghai-Tibet Plateau(青藏高原)；IMP-Inner Mongolia Plateau(内蒙古高原)；XJ-Xinjiang(新疆维吾尔自治区)；YGP-Yunnan-Guizhou Plateau(云贵高原)；NPM- Northeast Plain-Mountain(东北平原-山地)；NCP-North China Plain(华北平原)；PYR- Plain of Yangtze River(长江中下游平原)

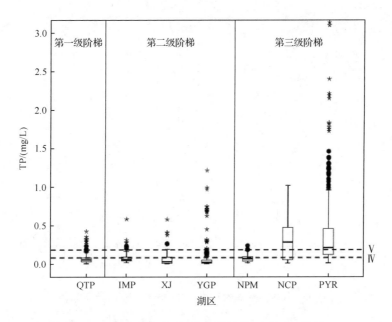

图 3-2 我国地形地貌三级阶梯内不同湖区 TP 浓度箱线图

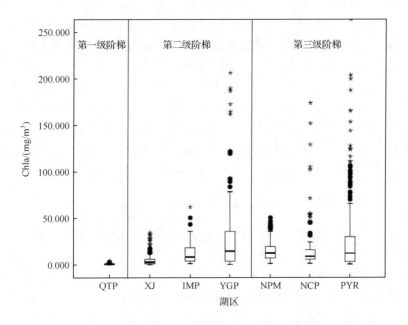

图 3-3 我国地形地貌三级阶梯内不同湖区 Chla 浓度箱线图

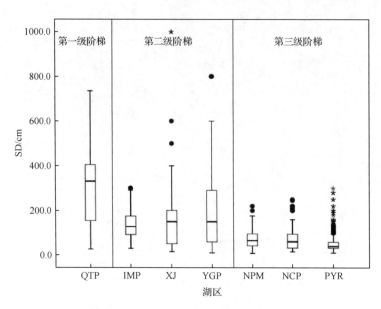

图 3-4 我国地形地貌三级阶梯内不同湖区 SD 箱线图

最低的,透明度为三级阶梯中最高的,说明第一级阶梯内湖泊水质明显优于其他两个阶梯内的湖泊水质。第二级阶梯内主要有内蒙古高原、新疆维吾尔自治区和云贵高原三个湖泊分布较集中的区域,其中新疆维吾尔自治区湖泊的 TN 和 TP 浓度最高,而 Chla 浓度和水体透明度却低于云贵高原,这说明即使位于同一地形地貌区域内,浮游藻类对 TN 和 TP 的利用效率也存在较大差异。第三级阶梯内主要分布有三个主要的湖泊区域,东北平原-山地、华北平原和长江中下游平原,就营养物质浓度而言,华北平原的浓度高于长江中下游平原和东北平原-山地,而对于 Chla 浓度和透明度而言,长江中下游平原的 Chla 浓度高于华北平原,透明度低于华北平原,这说明虽然华北平原湖泊中营养物质浓度较高,但浮游植物对营养物质的响应程度弱于长江中下游平原,导致浮游植物的生物量低于长江中下游平原。

3.1.4 各地形地貌湖泊富营养化现状差异性分析

由以上的分析可以看出,我国地形地貌三级阶梯内的湖泊营养物质浓度、浮游植物生物量及透明度存在明显的差异,营养物质浓度呈现由西向东升高的趋势,浮游植物生物量具有同样的趋势,水体透明度则相反,呈现由西向东降低的趋势。采用 TLI 指数法评价位于不同地形地貌湖泊的富营养化现状,并将不同营养状态的湖泊绘制于以经度为横坐标、海拔为纵坐标的二维图中,结果发现,贫营养湖泊主要位于高海拔(>1000m)、低经度(>105°)的第一级和第二级阶梯内,而第三级阶梯内的湖泊均处于中营养以上,与第一、第二级阶梯内的湖泊营养状态有显著差异

(图3-5)。

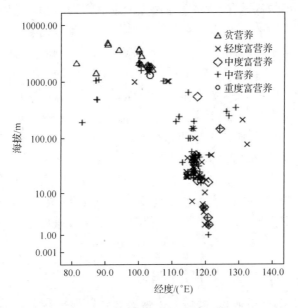

图3-5 我国湖泊营养状态的分布情况(经度、海拔)

3.2 湖泊区域水文气象特征差异

3.2.1 我国湖泊水文情势及变化趋势

我国地势西高东低,使东亚季风在从沿海向西北内陆推进的过程中,受山地的层层阻挡,难以深入西北内陆腹地,距海洋越远,空气中的水汽含量越少,降水量也相应递减。青藏高原的存在还使得来自印度洋的西南季风无法抵达高原的内部。季风气候特征与地貌条件相结合,使得我国降水量可高达 2000 mm 以上,秦岭、淮河以北减至 800 mm 以下,贺兰山以西的内陆腹地以及青藏高原的大部分地区,年降水量更低至 200 mm 以下,塔里木盆地、柴达木盆地内部的沙漠、荒漠区,年降水量仅仅数十毫米。降水量的这种空间分配,造成湖泊的补给条件、湖泊的水文循环和湖水的化学特性呈纬向带状分布,使得大兴安岭西麓—内蒙古高原南缘—阴山山脉—贺兰山—祁连山—日月山—巴颜喀拉山—念青唐古拉山—冈底斯山一线成为我国内外流的分界。此线以东,除松嫩平原、鄂尔多斯高原以及雅鲁藏布江南侧羊卓雍错、空母错等地区有面积不大的内陆流域区外,全都属于外流区。此线以西,除了额尔齐斯河流入北冰洋外,基本上都属于内流区。分布在外流区的湖泊,由于降水丰沛,水系发达,河流源远流长,流量较大,湖泊补给的水量颇丰,湖水矿化度低,以淡水吞吐型湖泊为主,水量交换频繁,湖泊换水周期短。湖泊的形成与演变除跟河流水系的变迁有关外,还与海岸变迁和海面波动有着直接的联系。湖泊水量在年内的季节性变化和年际的变化显著,水位涨落幅度较大,具有"洪水一片,枯水一线,高水湖相,低水河相"的水情特点。长期的泥沙淤积和较大的水位变幅使滩地发育良好,丰富的水、热条件使湖泊的生物地球化学过程活跃,湖泊生物繁茂,种类多、分布广,生物生产力和生物的蓄存量高。相反,分布在内流区的湖泊,远离海洋,气候干旱,水系不发育,入湖河流多为短小的间歇性河,湖泊补给水量亦小,地处盆地中心的湖泊常是盆地水系的尾闾。湖泊补给形式以雨水和冰雪融水为主,水情丰、枯季节变化明显,水位年际变幅大。一些地处沙漠区的湖泊,依赖地下水和稀少的降水补给,还多以时令湖的形式出现。湖泊水量平衡中湖水的损耗主要是强烈的湖面蒸发,故湖水矿化度普遍较高,以咸水湖和淡水湖,如青海湖、色林错、玛旁雍错等,有生物栖息,但种类贫乏,生长缓慢,生产力低,生物蓄存量不高。

3.2.2 各温度带湖泊水质及富营养化现状

另外,位于同一地形地貌、不同温度带的湖泊富营养化水平也具有较大的差异,例如,对第二级阶梯内湖泊富营养化指数(TLI)与年均温的关系进行统计分析,发现 TLI 指数与年均温呈三次函数的关系,分别在 5℃和 15℃出现拐点,如图 3-6 所示。当年均温低于 5℃和高于 15℃时,湖泊的 TLI 指数即富营养化程度随温度的升高而升高。对第二级阶梯内湖泊年均温进行统计发现,云贵高原湖泊

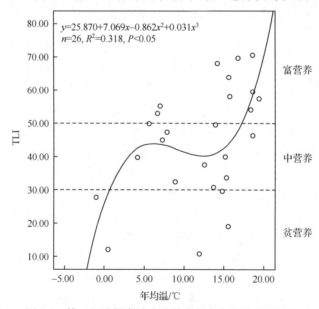

图 3-6　第二级阶梯湖泊富营养化状态与年均温的关系

的年均温为15℃左右,蒙新高原湖泊的年均温为5℃左右,如图3-7所示,说明位于同一地形地貌阶梯、不同温度带的湖泊富营养化现状存在较明显的差异性。

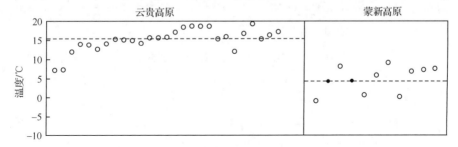

图3-7 第二级阶梯两个主要湖区年均温分布

分别对位于我国地形地貌第二级阶梯内的云贵高原和蒙新高原的营养物质浓度、浮游植物生物量(Chla浓度)进行统计分析。对于营养物质TN而言,蒙新高原TN的平均值为3.721 mg/L,较云贵高原的1.196 mg/L高,见表3-2,但云贵高原TN的离散程度较大,如图3-8所示,这可能是由于云贵高原湖区中有富营养化较严重的滇池、洱海等湖泊,导致云贵高原湖区TN的整体离散程度较高。

表3-2 第二级阶梯湖泊内TN浓度的统计值　　　　（单位：mg/L）

湖区	云贵高原	蒙新高原
平均值	1.196	3.721
25%四分位数	0.318	2.115
75%四分位数	1.513	5.683
四分位差	1.195	3.568

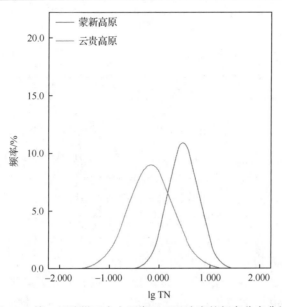

图3-8 第二级阶梯两大主要湖区TN浓度的频率分布曲线

对于营养物质 TP 而言,蒙新高原湖区 TP 浓度的均值为 0.072 mg/L,较云贵高原湖区的 0.067 mg/L 高,见表 3-3,但蒙新高原 TP 的离散程度较云贵高原的低,如图 3-9 所示,同样可能是由于云贵高原湖区有富营养化程度较高的滇池、洱海等湖泊,导致 TP 浓度的离散程度较高。

表 3-3　第二级阶梯湖泊内 TP 浓度的统计值　　　　（单位：mg/L）

湖区	云贵高原	蒙新高原
平均值	0.067	0.072
25%四分位数	0.013	0.010
75%四分位数	0.045	0.090
四分位差	0.032	0.080

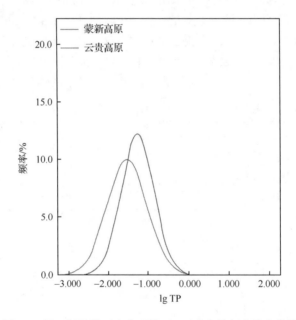

图 3-9　第二级阶梯两大主要湖区 TP 浓度的频率分布曲线

对于浮游植物生物量（Chla 浓度）而言,两大湖区内 Chla 浓度的离散程度相差不大,如图 3-10 所示,但蒙新高原湖区的均值为 8.558 mg/m³,较云贵高原的 23.091 mg/m³ 低,见表 3-4。此统计结果与营养物质 TN 和 TP 的统计结果相反,这说明,云贵高原湖区的浮游植物在营养物质浓度较低的情况下,仍然能够产生较大的生物量,由此可以看出,云贵高原湖区浮游植物对营养物质的利用效率较高,因此,在同样的营养物质浓度条件下,云贵高原更容易发生富营养化。由以上的分析可以看出,位于我国地形地貌第二级阶梯的云贵高原和蒙新高原湖区的湖泊,位于不同的温度带,湖泊水热条件的差异导致浮游植物对营养物质的利用效率存在较大差异。

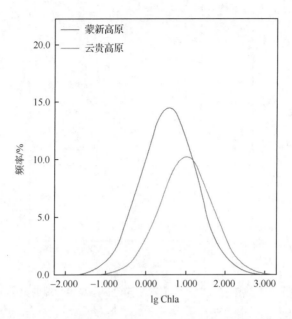

图 3-10 第二级阶梯两大主要湖区 Chla 浓度的频率分布曲线

表 3-4 第二级阶梯湖泊内 Chla 浓度的统计值 （单位：mg/m³）

湖区	云贵高原	蒙新高原
平均值	23.091	8.558
25%四分位数	3.210	1.009
75%四分位数	25.605	11.175
四分位差	22.395	10.166

同样，对我国地形地貌第三级阶梯内的湖泊年均温与 TLI 指数进行曲线拟合发现，与第二级阶梯的结果相似，TLI 指数与年均温呈三次函数关系，分别在 5℃ 和 15℃ 左右出现拐点，如图 3-11 所示。对第三级阶梯内主要湖泊区域的年均温进行统计发现，东北平原-山地湖区的年均温为 5℃ 左右，长江中下游平原的湖泊年均温在 15℃ 左右，而华北平原的湖泊年均温介于 5℃ 与 15℃ 之间，如图 3-12 所示。因此，TLI 指数与年均温的拟合曲线将第三级阶梯分为三个主要的湖泊区域，东北平原-山地、华北平原和长江中下游平原。对这三个主要湖泊区域的富营养化相关指标进行统计分析，就营养物质 TN 浓度而言，东北平原-山地 TN 的平均值最低，为 0.986 mg/L；华北平原的最高，为 4.835 mg/L；长江中下游平原居中，为 2.809 mg/L，见表 3-5。华北平原 TN 的离散程度最大，长江中下游平原的最小，东北平原-山地的离散程度居中，如图 3-13 所示。

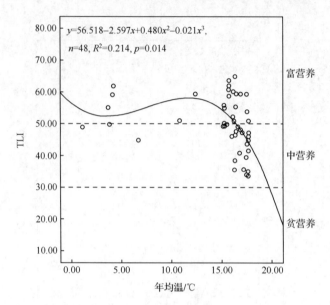

图 3-11　第三级阶梯湖泊富营养化状态与年均温的关系

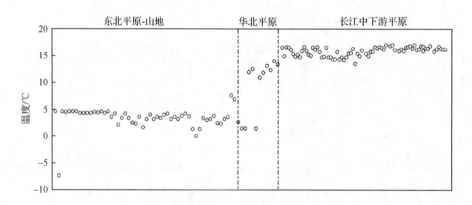

图 3-12　第三级阶梯三个主要湖区年均温分布

表 3-5　第三级阶梯湖泊内 TN 浓度的统计值　　（单位：mg/L）

湖区	长江中下游平原	华北平原	东北平原-山地
平均值	2.809	4.835	0.986
25%四分位数	1.789	6.175	0.800
75%四分位数	3.800	10.600	1.420
四分位差	2.011	4.425	0.620

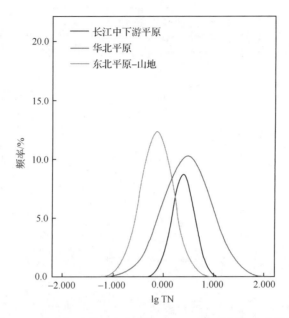

图 3-13 第三级阶梯三大主要湖区 TN 浓度的频率分布曲线

对于营养物质 TP 浓度而言,东北平原-山地湖区的平均值最低,为 0.072 mg/L;华北平原的平均值最高,为 0.894 mg/L;其次是长江中下游平原,为 0.372 mg/L,见表 3-6。华北平原 TP 的离散程度最大,其次是长江中下游平原,东北平原-山地湖区 TP 的离散程度最小,如图 3-14 所示。

表 3-6　第三级阶梯湖泊内 TP 浓度的统计值　　（单位：mg/L）

湖区	长江中下游平原	华北平原	东北平原-山地
平均值	0.372	0.894	0.072
25%四分位数	0.130	0.228	0.020
75%四分位数	0.481	0.550	0.070
四分位差	0.351	0.322	0.050

对于浮游植物生物量(Chla 浓度)而言,同样东北平原-山地的平均值最低,为 15.788 mg/m³;长江中下游平原的平均值最高,为 25.299 mg/m³;华北平原的平均值为 20.103 mg/m³;较长江中下游平原的低,见表 3-7。与 TN 和 TP 的频率分布曲线不同,Chla 的频率分布曲线,长江中下游平原的最宽,即 Chla 的离散程度最大,其次是华北平原,离散程度最小的是东北平原-山地湖区,如图 3-15 所示。由以上的分析可以看出,第三级阶梯内的东北平原-山地湖区营养物质 TN 和 TP,以及浮游植物生物量(Chla 浓度)均是该阶梯内最低的;华北平原 TN 和 TP 浓度

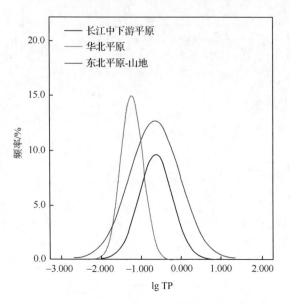

图 3-14　第三级阶梯三大主要湖区 TP 浓度的频率分布曲线

表 3-7　第三级阶梯湖泊内 Chla 浓度的统计值　　（单位：mg/m^3）

湖区	长江中下游平原	华北平原	东北平原-山地
平均值	25.299	20.103	15.788
25%四分位数	3.179	5.440	0.100
75%四分位数	32.113	21.400	2.759
四分位差	28.934	15.960	2.659

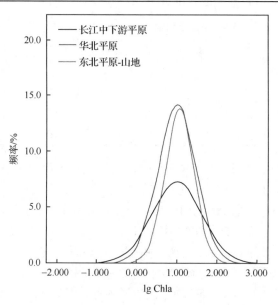

图 3-15　第三级阶梯三大主要湖区 Chla 浓度的频率分布曲线

的平均值为第三级阶梯三个主要湖泊区域中最高的；长江中下游平原 TN 和 TP 浓度的平均值较华北平原低，但其浮游植物生物量(Chla 浓度)却是第三级阶梯三个主要湖泊区域中最高的。这说明，即使位于同一地形地貌阶梯内，位于不同温度带的湖泊中浮游植物对营养物质的利用效率也存在显著差异。

3.3 湖盆形态差异性

3.3.1 湖盆形态分布特征

湖泊的外部形态特征是千差万别的。大型湖泊可达数万到数十万平方千米，小型湖泊只有几公顷；有深达千余米的深湖，也有水深仅几厘米的近于干涸的湖泊。湖泊几何形态上的变化，在很大程度上取决于湖盆的起源，不同成因的湖泊其轮廓是不同的。一般来说，河成湖、堰塞湖保留了原有河床的某些形态特征；发育在构造凹陷盆地基础上的或是火山口积水而成的湖泊，外形略呈圆形或椭圆形；而发育在地堑谷地中的湖泊，则多呈狭长形等。现在的湖泊，除沿袭古湖泊的某些形态特征外，还在外界条件的影响下，形态发生了改变。例如，入湖河流所携带的泥沙，起着改造湖泊沿岸的地形与填平湖底起伏的作用；风浪能使沿岸带的泥沙重新移动和沉积，使迎风岸侵蚀加剧，而背风岸沉积增多；也有因气候变化而引起湖面的收缩或扩大；沿岸带水生植物和底栖生物的滋生，不仅可引起湖泊形态的改变，还会加速湖泊的消亡；此外，新构造运动也会改变湖泊的形态。沉降型的湖泊，除湖水加深外，还使沿岸的港汊得到发育，湖岸的岬湾曲折交错；掀升型的湖泊，湖水逐渐变浅，湖岸发育顺直。所以，一个湖泊的形态发育是错综复杂的，它可以是单因素的，也可以是多因素作用的产物。特别是人类的经济活动，直接、间接地参与了湖泊形态的改造，如建闸蓄水、固岸工程、滩地围垦等，都可促进湖泊形态的变化。因此，我国目前湖泊的形态是自然与人共同作用的结果，而不是湖泊形成初期的自然形态，五大湖区的湖盆形态具有明显的差异性，各具特点。

东部平原的范围包括长江中下游平原及三角洲平原、淮河中下游平原、黄河和海河中下游平原以及京杭大运河沿岸。这里地势低平，濒临海洋，气候温暖，降水丰沛，河网交织，湖泊星罗棋布，湖泊率为 2.4%。长江中下游和三角洲地区更是一派水乡泽国的自然景观，是我国湖泊密度最大的地区。我国著名的五大淡水湖——鄱阳湖、洞庭湖、太湖、洪泽湖和巢湖都分布在东部平原。这里众多的大中型湖泊大多是在构造盆地的基础上，由于河床演变而形成的河成湖，黄淮海平原及大运河沿线众多的湖泊大多也是河流演变的产物。沿海平原与低地中的一些湖泊则是古潟湖的遗迹。本区绝大多数湖泊属吞吐型湖泊，河湖关系密切。湖泊水位因降水季节分配不匀而年变幅大，湖盆浅平，大多数湖泊水深在 4 m 以下，属浅水型湖泊。区内为数众多的湖泊均是水量充沛、资源丰富的宝库,它们不仅具有调节河川径流的巨大功能,而且还具有灌溉农田、沟通城乡航道、提供工业用水、发展水产、美化环境和改善湖区气候条件等多种功能,是本区社会经济长期繁荣和未来发展的基本保障。

东北平原-山地湖区的湖泊面积为 3800 km², 约占全国湖泊总面积的 4.6%, 湖泊率为 0.3%。本区山区为近代火山活动较频繁的地区,所以区内湖泊多与火山活动关系密切,如牡丹江上游的镜泊湖、德都县境内的五大连池。镜泊湖是由玄武岩流形成的天然堰堤拦截牡丹江河床,垫高水位而形成,平均水深 20 m,最深处可达 70 m。五大连池则是在 260 多年前,一次火山喷发的熔岩流堵塞河流而形成的串珠状的堰塞湖,由头池、二池、三池、四池和五池组成,总面积 18.47 km²。其中三池最大,面积 8.4 km²;头池最小,面积仅 0.18 km²;二池最深,达 9.2 m;头池较浅,水深 2 m。广袤的东北平原三面环山,属现代沉降地区,河流造成了宽广的冲积平原。平原上有大片湖沼湿地分布,同时也发育了大小不一的小型湖泊,当地称之为泡子或盐泡子。这类湖泊的成因多与近期地壳沉陷、地势低洼、排水不畅和河流摆动有关。它们具有面积小、湖盆坡降平缓、现代沉积物深厚、湖水浅和矿化度高等特点,如月亮泡和龙虎泡等。

蒙新高原湖区湖泊的总面积为 16 400 km², 约占全国湖泊总面积的 20.1%, 湖泊率为 0.6%。蒙新高原地处内陆,大部分区域处于东南季风的边缘,故降水不丰,气候干旱,但潜水却易于向汇水洼地中心集聚,从而形成众多的内陆湖泊,湖泊一般占据着构造洼地的最低洼部分,成为盆地的汇水中心和河流的尾闾。一些大中型湖泊往往是内陆盆地水系的归宿,如内蒙古的岱海、呼伦湖和黄旗海以及新疆的巴里坤湖和乌伦古湖等。由于地表径流补给水量少而蒸发量大,湖水不断浓缩而发育成闭流型的咸水湖或盐湖。季风降水量则是影响本区湖泊演化的主导因素,故湖泊的水补给量会时多时少,湖面也随之时升时降,湖形多变,如呼伦湖。呼伦湖湖长 93 km,最大宽度为 41 km,平均宽度为 32 km,周长为 447 km,当湖水位在 545.33 m 时,湖水面积为 2339 km², 平均水深为 5.7 m,最大水深在 8 m 左右,蓄水量为 138.5 亿 m³。

云贵高原湖区湖泊总面积为 1200 km², 约占湖面总面积的 1.5%, 湖泊率为 0.3%。云贵高原自中新世晚期以来,新构造运动强烈,夷平面、高山深谷和盆地等交错分布。一些较大的湖泊都分布于断裂带和各大水系的分水岭地带并沿褶皱断裂构造方向排列,湖泊长轴与深大断裂走向基本一致,多为构造湖。该区湖泊主要分布在滇中和滇西的一些断裂带上,以其海拔较高、湖岸陡峻、面积较小而湖水较深为其主要特征,主要湖泊有滇池、洱海、抚仙湖、泸沽湖、阳宗海和程海等,其中抚仙湖深 155 m,为我国第二深水湖。区内湖泊分属金沙江和澜沧江水系,入湖支流众多而出湖河道很少,甚至只有一条。湖泊尾闾落差大,水力资源丰富,湖水换水周期长,生态系统较脆弱。本区岩溶地貌分布较广,经溶蚀作用而形成的岩溶湖也最为典型。贵州省的草海是我国最大的岩溶湖。

青藏高原湖区湖泊总面积为 36 899 km²,约占全国湖泊总面积的 45.2%,湖泊率为 2%,它是地球上海拔最高、数量最多和面积最大的高原内陆湖区,也是我国湖泊分布密度最大的两个稠密湖区之一。区内湖泊大多发育在一些与山脉平行的大小不等的山间盆地或纵型河谷之中,一些大中型湖泊是在构造断裂基础上发育形成的,故往往是沿构造方向呈带状排列,都属构造湖类型。这类湖泊的深度一般都比较大,且湖岸陡峻。区内尚有一些中小型湖泊分布在山岭的峡谷地区,属冰川湖或堰塞湖类型。区内湖泊又集中分布在藏北高原和柴达木盆地干旱、闭流的高原腹地,故又多为内陆湖泊并是内陆河流的尾闾和汇水中心。由于青藏高原气候寒冷、干燥,湖水补给不丰而蒸发量大,绝大多数以高山冰雪融水为补给水源的湖泊,即使是面积较大的湖泊也出现了明显的干化和湖面退缩现象。许多地质历史时期的一些大型湖泊已被分解为若干子湖,有的已演化成盐湖或干盐湖。我们从现代卫星相片上所看到的在湖泊周围呈同心状分布的图形即是古湖岸线的遗迹,它说明了近代青藏高原上的湖泊仍在萎缩和咸化中。据调查,区内有 20%~30% 的湖泊已发展到盐湖和干盐湖阶段。该区虽然大多数湖泊为内陆盐水湖,但也有外流的淡水湖泊,像青海南部宽阔平坦的构造盆地内发育的著名的鄂陵湖和扎陵湖及一些小湖,它们是我们母亲河——黄河的上游,也是青藏高原上面积较大的淡水湖。

3.3.2 湖盆形态与营养状态的关系

我们综述了我国湖泊湖盆形态的分布特征,了解了不同湖泊区域湖盆形态的特征及变化趋势,那么湖盆形态,如湖泊的平均水深与湖泊的富营养化状态之间存在怎样的关系呢?为了了解这一问题,利用我国 100 多个湖泊的湖盆形态及富营养化状态指数(TLI)的数据,将处于不同营养状态的湖泊绘制于以平均水深为横坐标,分别以海拔、经度为纵坐标的二维图中,如图 3-16 和图 3-17 所示。结果发现,我国处于贫营养状态的湖泊平均水深大于 30 m 并且位于海拔高于 1000 m 以上的西部(低经度)高原地区。

湖泊综合营养状态指数(TLI)与平均水深的拟合曲线(图 3-18)表明,二者之间符合幂函数关系,TLI 指数随平均水深的增加而降低,即平均水深越深的湖泊,越不易发生富营养化;水深较浅的湖泊,较容易发生富营养化。

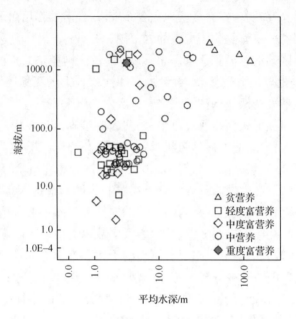

图 3-16　我国湖泊平均水深、海拔与营养状态的关系

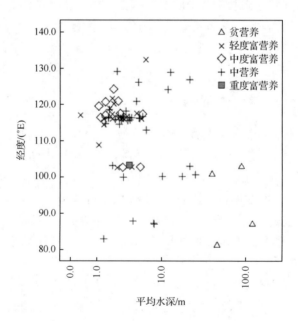

图 3-17　我国湖泊平均水深、经度与营养状态的关系

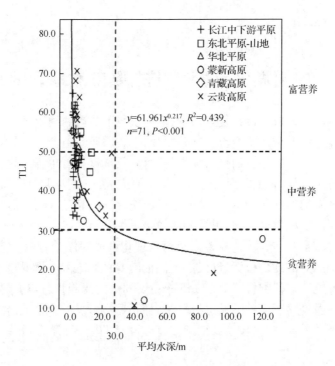

图 3-18　TLI 指数与平均水深的拟合曲线

第4章　中国湖泊富营养化主要自然地理驱动因素

湖泊富营养化的成因极其复杂,其发生不仅与不适当的利用湖水、改造湖泊环境、江湖关系阻断、流域清水产流机制破坏、水生态循环受阻、土地利用强度和快速工业化、城镇化等因素有关,而且与湖泊的水深、面积等湖泊自身特性以及湖泊所处的地理位置和气候等自然条件密切相关。研究表明(图 4-1),影响湖泊富营养化的因素包括湖泊的地质构造、流域的地形地貌、纬度和海拔、湖泊形态、所在地域的气候条件(如温度、阳光照射)以及湖泊流域的特征和人为活动等。以往的湖泊富营养化研究多集中在营养盐氮磷以及湖水理化性质对湖泊营养状态的影响上,却忽视了湖泊所处的地理位置、气候以及湖泊自身的形态特征等因素对湖泊富营养化状态的影响。本研究针对我国 145 个主要湖泊的营养状态与引起富营养化的地理气候因素及湖盆形态的关系进行分析,探讨我国湖泊富营养化水平在自然地理因素作用下的差异性,为实现我国湖泊富营养化的分区、分期、分级管理提供科学依据。

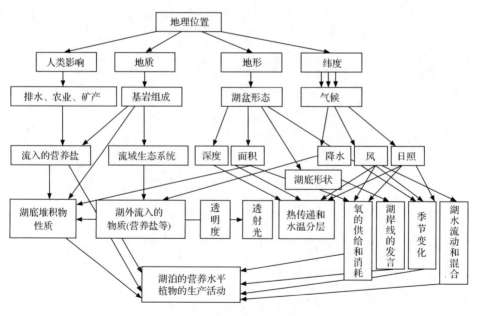

图 4-1　影响湖泊营养状态的主要因素

据文献(Rawson,1939)修改

由湖泊富营养化相关指标（TN、TP、N/P、COD_{Mn}、SD、Chla 及 TLI 指数）与湖泊所处的地理位置（经度、纬度和海拔）、湖盆形态（平均水深、湖泊面积、流域面积和湖泊补给系数）及气候指标（年均温、多年平均日照时数、多年平均无霜期、多年平均降水量和＞0℃积温）之间相关性的分析结果可知（表 4-1），对于地理位置指标而言，经度和海拔与除了 COD_{Mn} 在内的所有富营养化相关指标均显著相关，纬度与除了 SD 和 TLI 指数在内的其他富营养化相关指标显著相关。对于同一富营养化指标，纬度与其相关系数小于经度和海拔与该指标的相关系数，说明经度和海拔

表 4-1 富营养化指标与地理位置、湖盆形态及气候指标的 Spearman 相关系数

自然地理指标		富营养化指标						
		TLI	TN	TP	N/P	SD	COD_{Mn}	Chla
地理位置	经度 相关系数	0.337**	0.380**	0.465**	−0.205*	−0.351**	0.190	0.237*
	Sig.（双侧）	0.003	0.000	0.000	0.016	0.000	0.054	0.014
	N	75	139	142	138	102	104	106
	纬度 相关系数	0.060	0.220**	0.315**	−0.182*	−0.109	0.355**	−0.201*
	Sig.（双侧）	0.606	0.009	0.000	0.033	0.277	0.000	0.038
	N	75	139	142	138	102	104	106
	海拔 相关系数	−0.251*	−0.315**	−0.455**	0.204*	0.452**	−0.193	−0.266**
	Sig.（双侧）	0.030	0.000	0.000	0.017	0.000	0.050	0.006
	N	75	139	142	138	102	104	106
湖盆形态	平均水深 相关系数	−0.474**	−0.372**	−0.358**	0.075	0.460**	−0.335**	−0.316**
	Sig.（双侧）	0.000	0.000	0.000	0.429	0.000	0.004	0.003
	N	59	113	113	113	85	74	85
	湖泊面积 相关系数	−0.048	0.188*	0.134	0.025	−0.124	0.199*	−0.134
	Sig.（双侧）	0.680	0.027	0.111	0.770	0.216	0.043	0.171
	N	75	139	142	138	102	104	106
	流域面积 相关系数	−0.068	0.101	0.211	−0.174	−0.175	0.099	−0.173
	Sig.（双侧）	0.657	0.378	0.063	0.127	0.174	0.482	0.190
	N	45	78	78	78	62	53	59
	湖泊补给系数 相关系数	0.046	0.156	0.228*	−0.176	−0.189	−0.023	−0.063
	Sig.（双侧）	0.768	0.177	0.046	0.126	0.144	0.870	0.638
	N	44	77	77	77	61	52	58
	蓄水量 相关系数	−0.471**	−0.216	−0.259*	0.141	0.159	−0.249	−0.404**
	Sig.（双侧）	0.004	0.070	0.029	0.241	0.260	0.103	0.003
	N	35	71	71	71	52	44	51

续表

自然地理指标		富营养化指标						
		TLI	TN	TP	N/P	SD	COD_{Mn}	Chla
气候指标	年均温 相关系数	0.087	0.017	−0.055	0.135	−0.188	−0.236*	0.353**
	Sig.(双侧)	0.457	0.839	0.513	0.115	0.059	0.016	0.000
	N	75	139	142	138	102	104	106
	多年平均日照时数 相关系数	−0.049	0.019	0.093	−0.059	0.248	0.477**	−0.235
	Sig.(双侧)	0.777	0.881	0.460	0.639	0.073	0.002	0.090
	N	36	65	65	65	53	41	53
	多年平均无霜期 相关系数	0.037	−0.106	−0.298**	0.248*	−0.170	−0.334*	0.293*
	Sig.(双侧)	0.829	0.368	0.010	0.033	0.220	0.025	0.032
	N	36	74	74	74	54	45	54
	多年平均降水量 相关系数	−0.025	−0.046	−0.075	0.089	−0.182	−0.391**	0.202*
	Sig.(双侧)	0.828	0.590	0.372	0.298	0.067	0.000	0.038
	N	75	139	142	138	102	104	106
	>0℃积温 相关系数	0.089	0.049	0.023	0.048	−0.281**	−0.218*	0.353**
	Sig.(双侧)	0.448	0.568	0.789	0.579	0.004	0.026	0.000
	N	75	139	142	138	102	104	106

注：* 表示在0.05水平上显著相关；** 表示在0.01水平上显著相关。

对富营养化水质指标的影响大于纬度对其的影响。因此，对于湖泊所处地理位置指标而言，经度和海拔是影响湖泊水体富营养化的主要因素。

对于湖盆形态指标而言，湖泊的平均水深与除N/P之外的各富营养化相关指标均呈显著相关性（$R^2_{TLI}=-0.474, P_{TLI}<0.001; R^2_{TN}=-0.372, P_{TN}<0.001; R^2_{TP}=-0.358, P_{TP}<0.001; R^2_{SD}=0.460, P_{SD}<0.001; R^2_{COD}=-0.335, P_{COD}=0.004; R^2_{Chla}=-0.316, P_{Chla}=0.003$），除与SD呈显著正相关外，与其他指标均呈显著负相关，即平均水深越深，湖泊中的TN、TP、COD_{Mn}及Chla的浓度越低，SD则相反。平均水深越深的湖泊对外界输入的营养物质的缓冲能力越强，对营养物质有稀释和沉淀作用，使得藻类的生长速度缓慢，因此，深水湖泊发生富营养化的概率大大降低。尽管湖泊面积与TN和COD_{Mn}呈显著正相关（$R^2_{TN}=0.188, P_{TN}<0.027; R^2_{COD}=0.199, P_{COD}<0.043$），但湖泊面积分别与TN和$COD_{Mn}$曲线拟合的结果显示，湖泊面积与TN呈对数关系（$R^2=0.034, P=0.030$），湖泊面积与$COD_{Mn}$呈幂函数关系（$R^2=0.045, P=0.030$），湖泊面积对TN和$COD_{Mn}$变化的解释度分别为3.4%和4.5%，由此可见，湖泊面积虽然与TN和COD_{Mn}显著正相关，但对二者的影响较小。相关性分析的结果显示，湖泊补给系数与TP显著正相关，

同样利用曲线估计拟合二者之间的曲线,发现湖泊补给系数与 TP 呈幂函数关系($R^2=0.062, P=0.029$),但湖泊补给系数对 TP 变化的解释度仅为 6.2%。由以上的分析可以看出,湖泊平均水深是影响湖泊营养状态的最主要因素,其对主要的湖泊富营养化相关指标均有影响,而流域面积与任何一个富营养化相关指标均没有相关性。因此,湖泊面积和湖泊补给系数并不是湖泊富营养化的主要驱动因素。

对于气候指标而言,年均温和多年平均降水量与 COD_{Mn} 显著负相关,与 Chla 浓度显著正相关;多年平均日照时数仅与 COD_{Mn} 显著正相关;多年平均无霜期与 TP 和 COD_{Mn} 显著负相关,与 N/P 和 Chla 浓度显著正相关;>0℃积温与 SD 和 COD_{Mn} 显著负相关,与 Chla 浓度显著正相关。由此可见,5 个气候指标均与 COD_{Mn} 相关,4 个气候指标与 Chla 浓度相关,此结果说明,气候因素与 COD_{Mn} 和 Chla 浓度的相关性较大。

湖泊富营养化的判断标准主要是通过湖泊水体中浮游植物生物量(Chla)及多个富营养化指标综合表征的综合营养状态指数(TLI)来反映,因此,在探讨湖泊富营养化主要自然地理驱动因素时,主要考虑对 Chla 浓度及 TLI 指数影响较大的因素。由表 4-1 的结果可以看出,与湖泊 TLI 指数显著相关的自然地理及气候因素包括湖泊平均水深($R^2=-0.474, P<0.001$)、蓄水量($R^2=-0.471, P=0.004$)、经度($R^2=-0.337, P=0.003$)和海拔($R^2=-0.251, P<0.05$),与 Chla 浓度显著相关的因素包括湖泊平均水深($R^2=-0.316, P=0.003$)、蓄水量($R^2=-0.404, P=0.003$)、多年平均无霜期($R^2=0.293, P<0.05$)、经度($R^2=0.237, P=0.014$)、纬度($R^2=-0.201, P<0.05$)、海拔($R^2=-0.266, P=0.006$)、年均温($R^2=0.353, P<0.001$)、>0℃积温($R^2=0.353, P<0.001$)及多年平均降水量($R^2=0.202, P<0.05$)。

相关性分析的结果侧重于随机变量之间的种种相关特征,感兴趣的是二者之间的关系如何,很难反映多种因素共同作用下,起主要作用的因素,因此,利用逐步回归方法考察在多种因素共同作用下,对 TLI 指数和 Chla 浓度起主要作用的因素,结果见表 4-2,平均水深、>0℃积温和经度对 TLI 指数的影响最为重要,被输入 TLI 指数的逐步回归方程。与浮游植物生物量(Chla 浓度)相关的众多因素中仅有纬度输入逐步回归方程,其他指标均被剔除,未进入方程。

表 4-2 逐步回归方法分析富营养化相关指标的主要影响因素

富营养化相关指标	逐步回归方程	相关系数 R^2	P
TLI	TLI=6.134−0.462Depth+0.003AT+0.294 Long	0.739	<0.001
Chla	Chla=42.475−0.889Lat	0.115	0.030

注:Depth 为水深;AT 为>0℃积温;Long 为经度;Lat 为纬度。

4.1 自然地理特征与湖泊富营养化的关系

由图 4-1 可知,湖泊所处的地理位置是影响湖泊营养状态的最基本因素,地理位置决定湖泊的水温、光照和降水等影响藻类繁殖的非生物要素,同时决定湖水与外界进行物质和能量交换的方式和频率(湖盆形态),即营养物质的输入和输出。因此,处于不同地理位置、不同形态特征的湖泊,其富营养化水平及效应存在差异。由图 4-2 和图 4-3 可知,处于贫营养状态的湖泊,平均水深大于 30 m 并且位于高海拔(>1000 m)、低经度(<105°E)地区。处于中营养、轻度富营养、中度富营养和重度富营养的湖泊平均水深小于 30 m,低海拔、中高海拔地区以及低经度、高经度地区均有分布。通过分析 TLI 指数与湖泊平均水深、所处海拔以及经度的拟合曲线发现,TLI 指数与水深呈现较好的幂函数关系(图 4-4),与湖泊所处海拔呈指数函数关系(图 4-5),当海拔低于 650 m 时,TLI 指数在 50 上下,而当海拔高于 650 m 以后,TLI 指数随海拔的升高有下降的趋势。TLI 指数与湖泊所在的经度同样呈幂函数关系(图 4-6),位于 100°E~105°E 的湖泊(主要是云贵高原的湖泊) TLI 指数变化范围较大,有处于贫营养状态,同样也有处于富营养状态的,若将这一经度范围内的湖泊剔除,重新绘制 TLI 指数与经度的拟合曲线发现,R^2 值增大,说明 TLI 指数与经度之间的相关性更好,如图 4-7 所示。

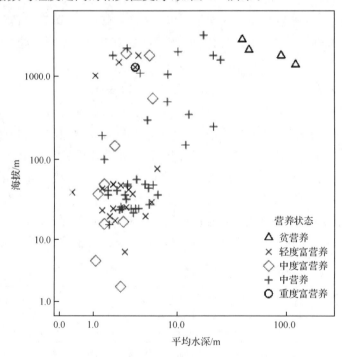

图 4-2 我国湖泊平均水深及海拔与湖库营养状态的关系

第4章 中国湖泊富营养化主要自然地理驱动因素

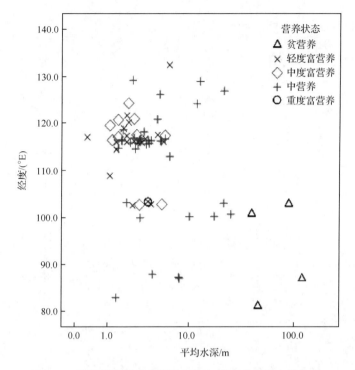

图 4-3 我国湖泊平均水深及经度与湖库营养状态的关系

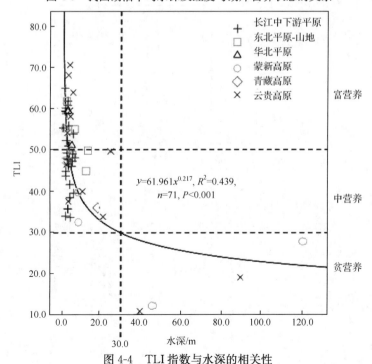

图 4-4 TLI 指数与水深的相关性

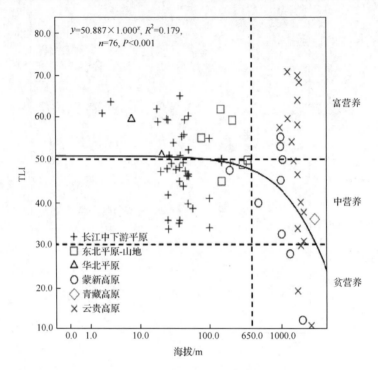

图 4-5　TLI 指数与海拔的相关性

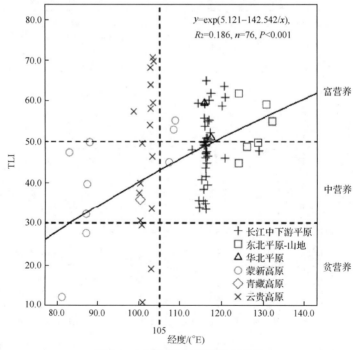

图 4-6　TLI 指数与经度的相关性

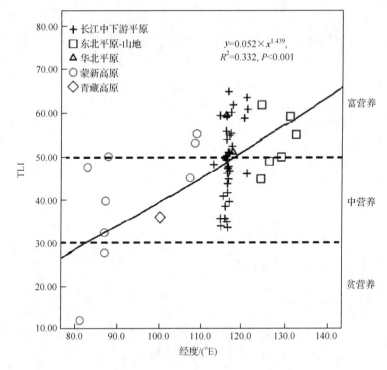

图 4-7　TLI 指数与经度的相关性(除去云贵高原)

4.2　气候与湖泊营养状态的关系

在 Rawson 提出的影响湖泊营养状态的主要因素(图 4-1)中,湖泊所在区域的气候对湖泊的营养状态同样起重要作用。适宜的温度是藻类生长所必需的条件,降水除对湖水具有一定的稀释作用外,同时也会携带营养物质进入湖库,为藻类的生长繁殖提供营养物质。由>0℃积温和平均降水量与我国湖库营养状态的关系可知(图 4-8),处于贫营养状态的湖泊,年平均降水量低于 1000 mm,并且>0℃积温低于 5400℃。分析 TLI 指数与>0℃积温的相关性发现,两者之间呈现指数函数的关系,>0℃积温对 TLI 指数变化解释的比例为 14.6%(图 4-9)。

由以上的分析可以看出,8 个自然因素中,对 TLI 指数变化解释比例最大的因素是湖泊平均水深,达到 43.9%,其他三项因素,经度、海拔和>0℃积温对 TLI 指数变化解释比例分别为 18.6%、17.9% 和 14.6%。可见,湖泊的平均水深对湖泊营养状态的影响是最为显著的。因此,在分析不同区域湖泊富营养化驱动因素时,湖泊的平均水深应作为主要的指标进行考虑。

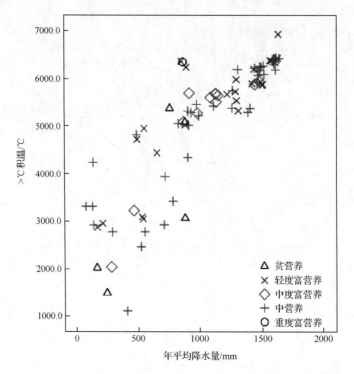

图 4-8　我国湖泊年平均降水量和＞0℃积温与湖库营养状态的关系

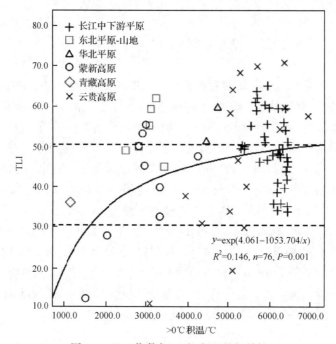

图 4-9　TLI 指数与＞0℃积温的相关性

4.3 湖泊富营养化自然地理驱动因素区域差异性

对于我国地形地貌第二级和第三级阶梯,分析了影响湖泊营养状态的地理位置因素、湖盆形态因素及气候因素。曲线估计的结果显示(图4-10),影响第二级阶梯湖泊营养状态的地理位置因素包括经度和海拔,而影响第三级阶梯湖泊营养状态的地理位置因素包括经度、纬度和海拔。由[图4-10(a)、(b)]可知,位于第二级和第三级阶梯的湖泊TLI指数均随经度的升高而升高,但单位经度引起的TLI指数的变化量第二级阶梯大于第三级阶梯,这可能是由于第三级阶梯经度范围较小,且湖泊分布较集中,第二级阶梯经度跨度较大,湖泊分布相对分散。同样,单位海拔引起的TLI指数的变化量,第二级阶梯大于第三级阶梯[图4-10(c)、(d)],可能是由于第二级阶梯海拔相对较高,湖泊所处的海拔有较大的差异性,随海拔的升高,TLI指数降低得迅速,而在第三级阶梯,湖泊所处海拔相差不大,TLI指数随海拔升高而降低得并不明显。纬度对第二级阶梯湖泊营养状态的影响并不显著,而在第三级阶梯,40°N以南,TLI指数随纬度升高有升高的趋势,但在40°N以北,TLI指数随纬度的升高有降低的趋势[图4-10(e)]。可能是由于40°N以南的湖泊位于长江中下游平原和华北平原,湖泊富营养化状况比较严重,而在40°N以北为东北平原-山地湖区,湖泊TLI指数较长江中下游平原和华北平原低。

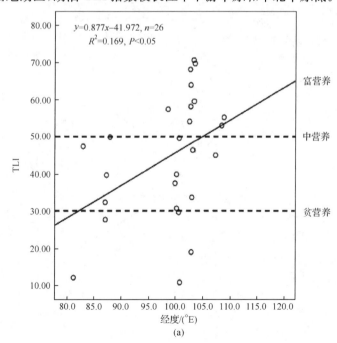

(a)

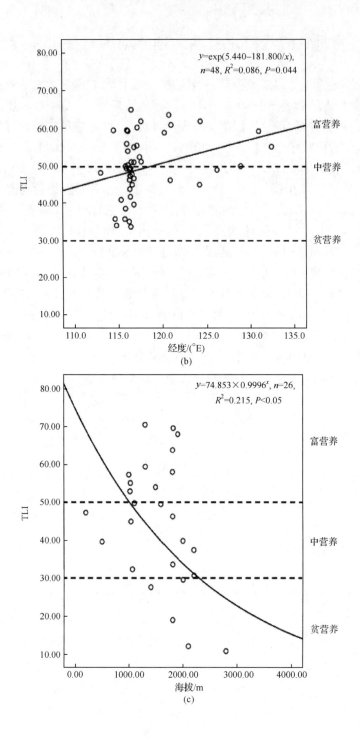

第4章 中国湖泊富营养化主要自然地理驱动因素

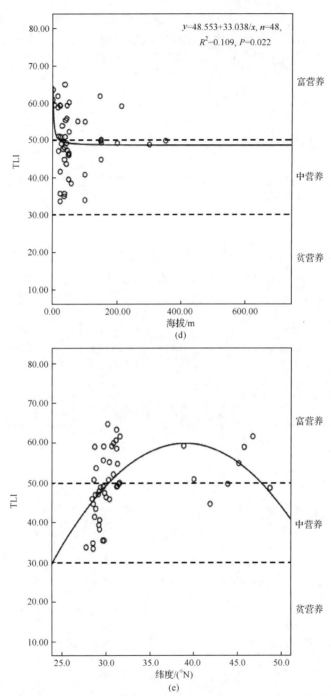

图 4-10 不同地形地貌 TLI 指数与地理位置指标的关系

(a) 第二级阶梯 TLI 指数与经度;(b) 第三级阶梯 TLI 指数与经度;(c) 第二级阶梯 TLI 指数与海拔;
(d) 第三级阶梯 TLI 指数与海拔;(e) 第三级阶梯 TLI 指数与纬度

影响第二级阶梯湖泊营养状态的湖盆形态指标包括平均水深和蓄水量，TLI指数随平均水深的加深而降低，随蓄水量的增加而降低，如图4-11(a)、(b)所示。

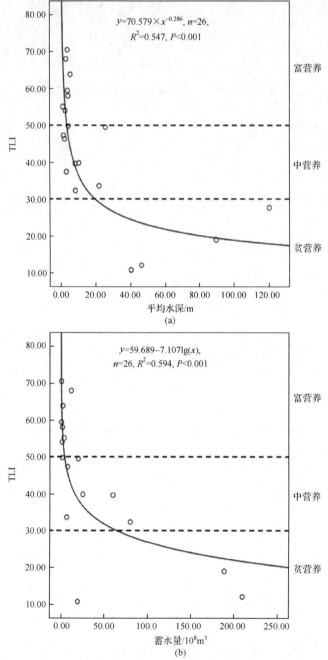

图 4-11 不同地形地貌 TLI 指数与湖盆形态指标的关系
(a) 第二级阶梯 TLI 指数与平均水深的关系；(b) 第二级阶梯 TLI 指数与蓄水量的关系

而在第三级阶梯,五个湖盆形态因素对湖泊营养状态的影响均不显著。但第三级阶梯湖泊营养状态受气候指标的影响较大,除受年均温和>0℃积温影响外,还受多年平均降水量的影响。

第二级阶梯和第三级阶梯湖泊 TLI 指数与气候指标的曲线拟合结果如图 4-12(a)、(b)所示,温度是影响两个区域内湖泊营养状态的主要气候因素。两个区域内湖泊 TLI 指数与年均温均呈现三次函数的关系,均在 5℃和15℃左右为拐点。综合分析不同湖泊区域年均温时发现,华北平原湖泊的年均温在 5℃左右,而长江中下游平原年均温在 15℃左右,而这两个温度是湖泊 TLI 指数与年均温拟合曲线形状发生改变的拐点。根据此结果,建议在进行营养物生态分区和湖泊营养物基准制定的过程中,充分考虑华北平原和长江中下游平原的这种差异性,更加科学地进行营养物生态分区和基准的制定。在第三级阶梯,除了年均温和>0℃积温对湖泊 TLI 指数有所影响外,多年平均降水量也是解释 TLI 指数变化的重要因素,由图 4-12(e)可知,第三级阶梯多年平均降水量主要分布在两个区间段:500～750 mm 的华北和东北地区,1100～1600 mm 的长江中下游平原。在降水比较丰沛的长江中下游平原,TLI 指数随降水量的增加有降低的趋势,可能是由于雨水的稀释作用。

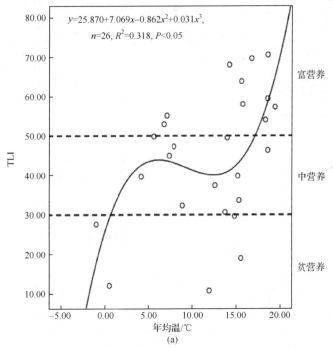

$y=25.870+7.069x-0.862x^2+0.031x^3$,
$n=26$, $R^2=0.318$, $P<0.05$

(a)

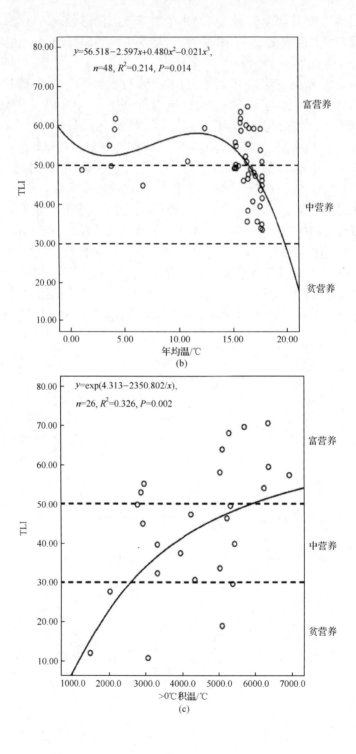

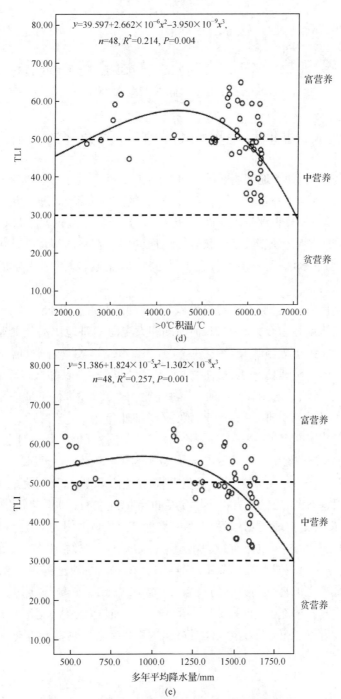

图 4-12　不同地形地貌 TLI 指数与气候指标的关系

(a) 第二级阶梯 TLI 指数与年均温的关系；(b) 第三级阶梯 TLI 指数与年均温的关系；(c) 第二级阶梯 TLI 指数与>0℃积温的关系；(d) 第三级阶梯 TLI 指数与>0℃积温的关系；(e) TLI 指数与多年平均降水量的关系

第5章 中国湖泊区域社会经济差异
——以云贵高原为例

5.1 土地利用类型对湖泊富营养化的影响

社会经济因素,如土地利用状况、人口、GDP等因素也是影响湖泊富营养化程度的重要因素。湖泊中藻类生长所需要的营养物质除来源于工厂、污水处理厂等点源外,有很大一部分来源于农业面源,因此,耕地面积比例较大的湖泊流域,富营养化程度可能较严重。城乡、工矿和居民用地的比例在一定程度上反映了该湖泊流域人类活动的强度,人类活动强度较大的湖泊流域,对湖泊水质的影响相对较大。

以云贵高原湖区为例,不同湖泊流域,土地利用状况存在较大差异,导致湖区内部营养物质浓度相差较大。例如,泸沽湖和大屯海的耕地比例分别为2.59%和55.95%,TN浓度分别为0.125 mg/L和1.914 mg/L,相差近16倍。分析1995年和2007年不同耕地比例的湖泊中TN、TP、SD和Chla的浓度范围,结果如图5-1至图5-4所示。对于TN而言,当耕地比例<30%时,优于地表水环境质量标准Ⅲ类水的浓度限定值。1995年,滇池(耕地比例为23.67%)TN浓度优于Ⅲ类标准,少数情况劣于Ⅲ类标准;而在2007年,滇池的耕地比例由1995年的23.67%增加到32.23%,TN浓度劣于Ⅴ类标准的限定值。对于TP而言,1995年耕地比例占20%~30%的湖泊中TP浓度较高(包括滇池),其他耕地比例的湖泊中TP浓度相差不大,均在地表水环境质量Ⅲ类标准左右;2007年,当耕地比例<30%时,TP浓度优于地表水环境质量Ⅲ类标准,耕地比例为30%~35%时(滇池),TP浓度有较大幅度的增加,耕地比例为50%~60%时,TP浓度达到最高值(图5-2)。对于Chla浓度而言,除1995年10%~20%耕地比例的湖泊外,Chla浓度均有随耕地比例的增加而升高的趋势,如图5-3所示。同样,透明度具有随耕地比例的增加而降低的趋势,如图5-4所示。这说明,耕地比例与湖泊富营养化相关指标之间可能存在某种关系,可以由耕地比例的变化预测富营养化相关指标的变化。

第 5 章 中国湖泊区域社会经济差异——以云贵高原为例

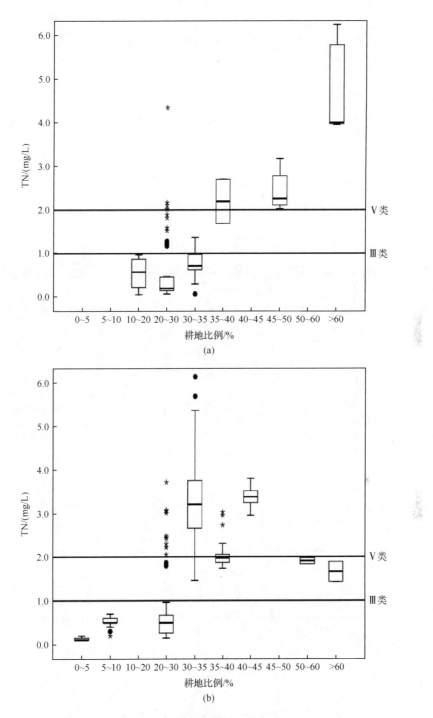

图 5-1 云贵高原 TN 浓度随耕地比例增加而变化的情况
(a) 1995 年；(b) 2007 年

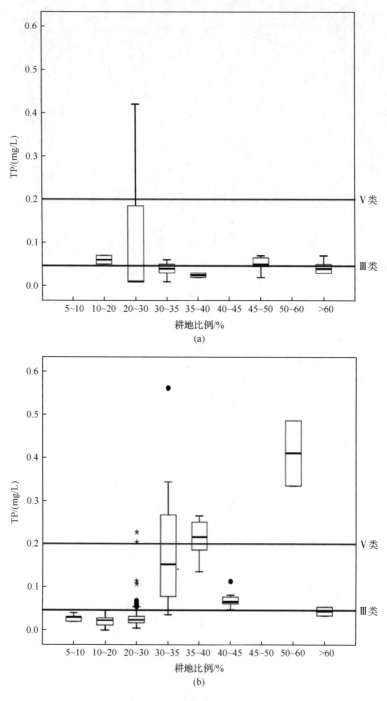

图 5-2 云贵高原 TP 浓度随耕地比例增加而变化的情况
(a) 1995 年；(b) 2007 年

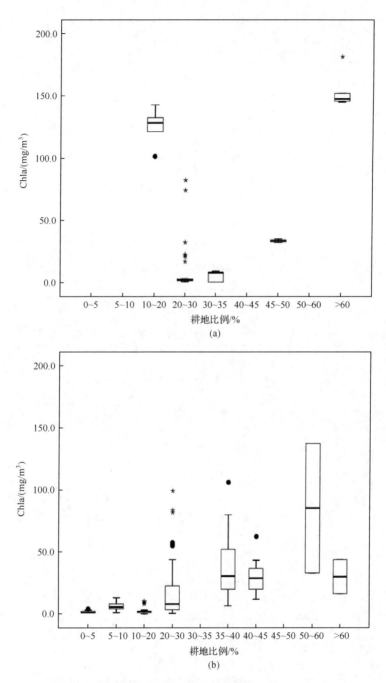

图 5-3 云贵高原 Chla 浓度随耕地比例增加而变化的情况

(a) 1995 年;(b) 2007 年

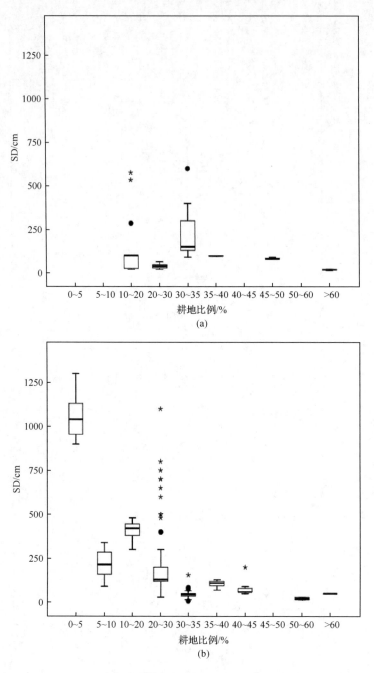

图 5-4 云贵高原透明度随耕地比例增加而变化的情况
(a) 1995 年；(b) 2007 年

为了探明不同土地利用类型比例与湖泊富营养化相关指标的关系,对云贵高原湖区不同耕地比例湖泊中富营养化相关指标与耕地比例进行曲线拟合,结果如图 5-5 所示,Chla 和 TN 浓度与耕地比例呈幂函数关系,随耕地比例的增加,Chla 和 TN 浓度逐渐升高;透明度与耕地比例呈倒数关系,随耕地比例的增加,透明度逐渐降低;另外,透明度与水域比例呈指数函数关系(图 5-6),其他土地利用类型的比例与富营养化相关指标的相关性较弱。以上的分析结果表明,在云贵高原湖区,影响湖泊水质的主要土地利用类型是耕地,耕地比例越大,湖泊水质越差,而其他土地利用类型对湖泊富营养化相关指标的影响程度较小。

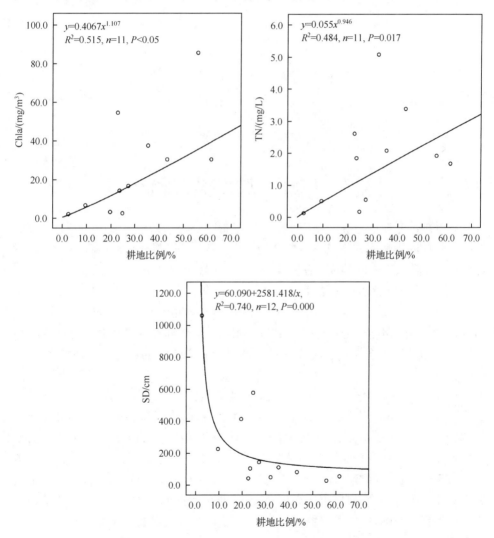

图 5-5 富营养化相关指标与耕地比例的关系(2007 年)

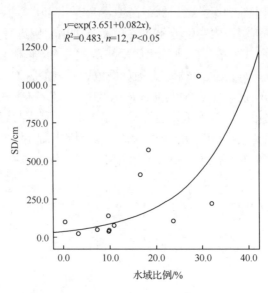

图 5-6 水域比例与透明度的关系(2007 年)

5.2 人口密度对湖泊富营养化的影响

影响湖泊水质的社会经济因素,除土地利用状况外,湖泊流域内人口分布情况对湖泊水质的影响同样也是不容忽视的。由图 5-7 可以看出,云贵高原湖区的 TN 和 TP 浓度随人口密度的增加而升高,当人口密度超过 300～400 人/km^2 时,TN、TP 的浓度就有可能超过地表水环境质量标准的 V 类水标准。同样,水体透明度随人口密度的增加而降低。但是,水体中浮游植物生物量(Chla 的浓度)随人口密度的变化情况不甚明显,这说明,同一湖区内部不同湖泊中浮游植物对营养物质的利用效率存在差异,导致营养物质浓度高的湖泊,浮游植物的生物量不一定高。

由图 5-8 富营养化相关指标与人口密度的回归拟合结果可知,营养物质 TN 和 TP 与人口密度分别呈二次函数和线性相关性,其中人口密度对 TN 浓度变化的解释度较高,这说明,人口密度对湖泊水体中 TN 浓度的影响较大,对 TP 浓度的影响相对 TN 而言较小。水体透明度与人口密度呈倒数关系,即水体透明度随人口密度的增加而降低。而 Chla 浓度与人口密度的相关性较差,不符合任何函数关系。此结果表明,人口密集的湖泊流域,人类活动频繁,对自然资源的开发和利用程度较高,导致水体中营养物质较高,为藻类的生长繁殖提供了物质条件。

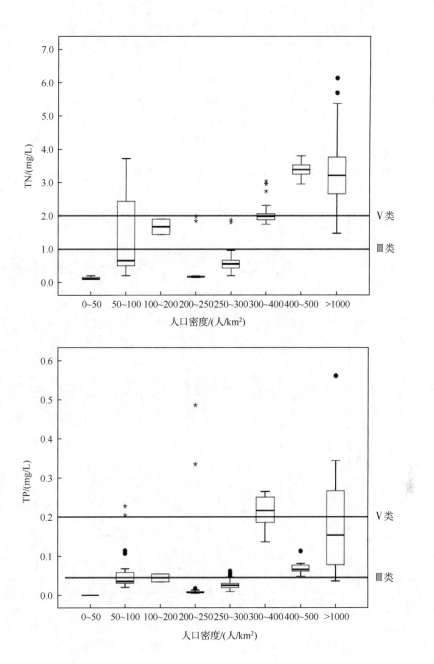

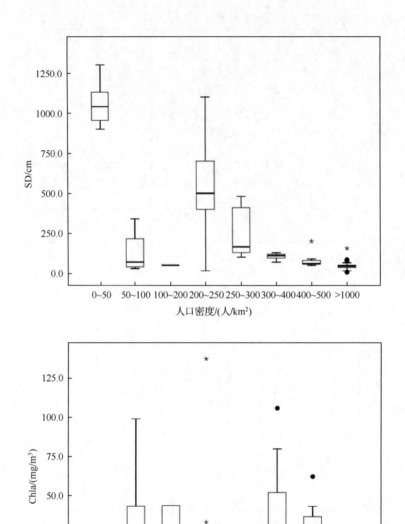

图 5-7 云贵高原富营养化相关指标随人口密度增加而变化的情况(2007 年)

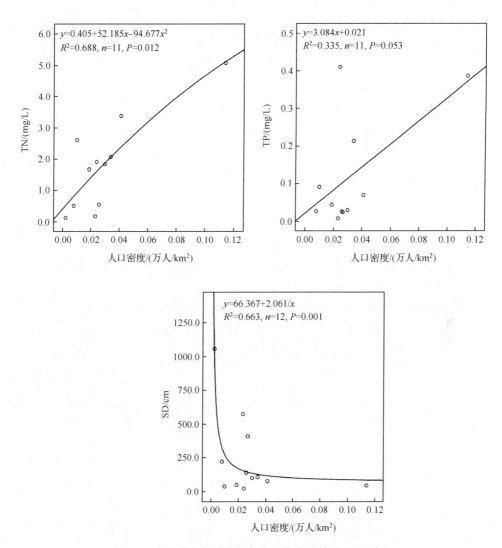

图 5-8 富营养化相关指标与人口密度的关系(2007 年)

5.3 GDP 对湖泊富营养化的影响

一个地区的 GDP,可以反映这个地区的经济发展程度以及对自然资源的开发利用程度,GDP 越高,可能对自然资源的开发利用程度越高,从而导致废物的排放量越高,间接引起地表水环境的恶化。由图 5-9 可知,就营养物质 TN 和 TP 而言,随单位面积 GDP 的升高有升高的趋势,其中异龙湖流域(单位面积 GDP 为 61.29 万元/km²)TN 和 TP 浓度高于杞麓湖流域(单位面积 GDP 为 443.70 万元/km²)、

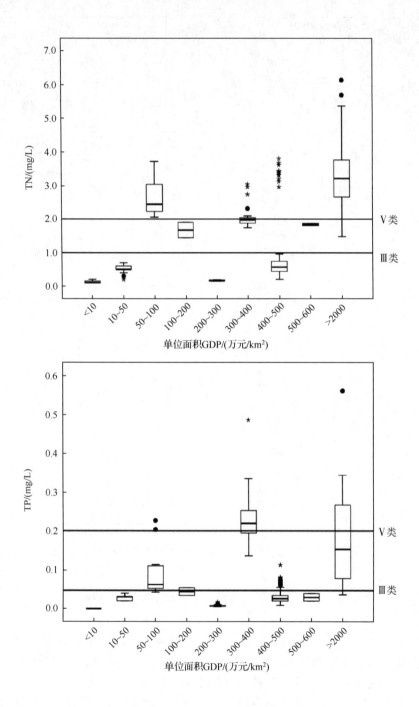

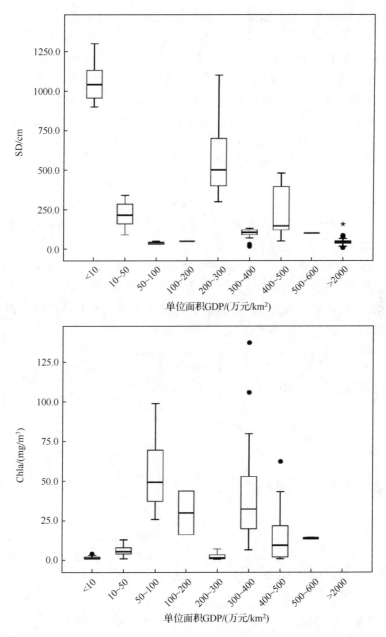

图 5-9 云贵高原富营养化相关指标随单位面积 GDP 增加而变化的情况(2007 年)

洱海流域(单位面积 GDP 为 452.20 万元/km²)、个旧湖流域(单位面积 GDP 为 559.97 万元/km²)。对云贵高原湖泊富营养化状态进行评价的结果显示,异龙湖的 TLI 指数(65.272)高于洱海(30.673)、个旧湖(60.724)和杞麓湖(43.282),说明异龙湖的富营养化问题较这三个湖泊严重。尽管异龙湖单位面积 GDP、人口密度和耕地比例均较个旧湖、杞麓湖和洱海低,但其富营养化问题仍较严重,可能是由于自然地理因素(如水深)或者该流域内独特的经济发展模式导致的湖泊营养物质本底浓度较高,或湖泊本身的特性导致水体对营养物质的稀释和净化作用较弱。滇池流域内单位面积 GDP 是云贵高原湖区内最高的,达到 2542.83 万元/km²,同样,TN、TP 浓度均较高。水体透明度随单位面积 GDP 的升高而有降低的趋势。对于 Chla 浓度而言,单位面积 GDP 较低(50~100 万元/km²)的异龙湖中 Chla 浓度高于单位面积 GDP 为 300~400 万元/km² 的大屯海和星云湖以及单位面积 GDP 为 400~500 万元/km² 的杞麓湖和洱海,与营养物质 TN 和 TP 具有相似的规律。

对云贵高原湖区富营养化相关水质指标与单位面积 GDP 进行曲线拟合,结果如图 5-10 所示,单位面积 GDP 仅与 TN 和透明度有较好的曲线拟合关系,分别符合线性关系和倒数关系,这说明,云贵高原湖区湖泊中 TN 浓度随单位面积 GDP 的升高而增加,透明度随单位面积 GDP 的升高而降低。

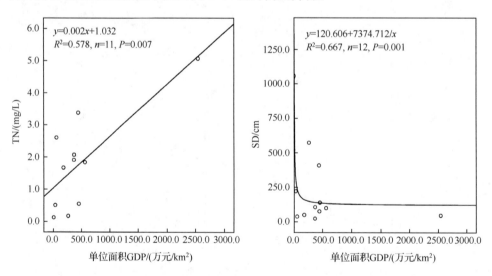

图 5-10　富营养化相关指标与单位面积 GDP 的关系(2007 年)

分别分析三个社会经济指标——耕地比例、人口密度和单位面积 GDP,与富营养化相关水质指标——TN、TP、Chla 和透明度的多元逐步回归方程,以期探寻对四个主要富营养化水质指标影响较突出的社会经济因素。如表 5-1 所示,营养物质 TN 和 TP 的多元逐步回归方程中仅有人口密度输入,说明三项社会经济指标中人口密度对营养物质 TN 和 TP 的影响较大,可由人口密度推算湖泊中 TN 和 TP 浓度。透明度的多元逐步回归方程中三项社会经济指标均输入方程,说明这三项社会经济指标对水体透明度的影响均重要,并可用这三项指标估算水体透明度。Chla 的多元逐步回归方程中耕地比例和人口密度输入方程,说明 Chla 浓度受耕地比例和人口密度的影响较大,可由这两项社会经济指标评估湖泊中 Chla 浓度。

表 5-1 富营养化相关水质指标与三个社会经济指标的多元逐步回归方程

水质指标	回归方程	R^2	Sig.
TN	TN=$-$0.115+0.005×PD	0.316	0.000
TP	TP=$-$0.037+0.0001×PD	0.191	0.000
Chla	Chla=$-$2.990+1.458×FR$-$0.071×PD	0.312	0.000
SD	SD=704.059$-$21.335×FR$-$0.550×GDP/UA+1.253×PD	0.582	0.000

注:PD 为 Population Density,人口密度;FR 为 Farmland Ratio,耕地比例;GDP/UA 为 GDP in Unit Area,单位面积 GDP。

以上关注的只是自然地理指标、社会经济指标分别对富营养化相关水质指标的影响,实际情况下,湖泊富营养化的影响因素众多,不只是某个因素所能引起的,为了全面了解引起云贵高原湖区湖泊富营养化的主要影响因素,分析 7 个自然地理指标和 3 个社会经济指标(表 5-2)与 4 个富营养化相关水质指标的多元逐步回归方程,结果见表 5-3。营养物质 TN 的逐步回归方程中人口密度和水深输入方程,TP 的逐步回归方程中只有人口密度输入方程,这说明,营养物质 TN 的浓度不仅取决于人类活动向水体排放的强度,还取决于湖泊自身对氮元素的自净能力,这种能力主要由湖泊的形态特征起作用。由 TN 的回归方程可以看出,在人口密度不变的情况下,当水深增加时,TN 浓度减小,说明深水湖泊对氮元素的自净能力较强。而对于营养物质 TP 而言,仅有人口密度输入逐步回归方程,这说明湖泊中 TP 的浓度主要取决于人类活动强度。浮游植物生物量(Chla 浓度)的多元回归方程中仅有温度输入该方程,此结果说明在云贵高原湖区,影响湖泊中浮游藻类生长的主要因素是温度,而社会经济等因素对其影响则相对较小。透明度的多元回归方程中海拔、水深和人口密度输入该方程,并且纬度越高,水深越深,则湖泊水体透明度越高;人口密度越大,则水体透明度越低。

表 5-2　富营养化相关水质指标与自然地理、社会经济指标的多元逐步回归方程

湖泊名称	自然地理指标							社会经济指标		
	Depth/m	Altitude/m	Tem/℃	AAP/mm	ASH/h	AFFP/d	AAE/mm	PD/(万人/km^2)	FR/%	GDP/UA/(万元/km^2)
泸沽湖	40.30	2670	12.7	920	2298	190	2352	0.0299	23.51	559.9703
程海	25.70	1503	13.5	739	2403	210	2040	0.0411	43.33	443.6976
滇池	2.93	1886	14.4	1036	2372	227	1870	0.0187	61.58	184.3193
洱海	10.17	1980	15.0	1057	2472	305	—	0.0100	22.72	61.2916
阳宗海	22.00	1770	14.5	964	2400	230	1337	0.0232	24.75	264.8065
抚仙湖	89.60	1723	15.5	879	2172	253	1397	0.0267	19.64	437.9492
星云湖	5.30	1722	15.0	947	2000	254	1192	0.1139	32.23	2542.8348
异龙湖	2.40	1414	18.0	928	2312	321	1035	0.0258	27.25	452.2023
长桥海	3.74	1284	18.7	834	2235	340	1428	0.0079	9.63	35.3690
大屯海	3.70	—	18.7	718	2270	—	1484	0.0022	2.59	8.2350
杞麓湖	4.03	1796	15.6	869	2286	262	1164	0.0240	55.95	368.3406
个旧湖	2.00	1685	16.4	890	2222	320	1935	0.0339	35.51	370.7350

注：Depth 为水深；Altitude 为海拔；Tem 为 Temperature,温度；AAP 为 Average Annual Precipitation,年平均降水量；ASH 为 Average Sunshine Hour,年平均日照时数；AFFP 为年平均无霜期；AAE 为年平均蒸发量；PD 为 Population Density,人口密度；FR 为 Farmland Ratio,耕地比例；GDP/UA 为 GDP in Unit Area,单位面积 GDP。

表 5-3　富营养化相关水质指标与自然地理和社会经济指标的多元回归方程

水质指标	回归方程	R^2	Sig.
TN	TN=1.369+34.003×PD−0.025×Depth	0.857	0.001
TP	TP=−0.016+3.394×PD	0.718	0.002
Chla	Chla=−82.688+6.587×Tem	0.388	0.043
SD	SD=−788.339+0.608×Altitude+4.746×Depth−3243.401×PD	0.931	0.000

第6章 中国湖泊富营养化效应及趋势

6.1 浮游藻类对营养物质磷生态效应的区域差异性

由我国湖泊富营养化相关指标区域差异性分析的结果可以看出,不同湖泊浮游藻类对营养物质 TN 和 TP 的利用效率存在区域差异性,利用 lg Chla 分别与 lg TN 和 lg TP 线性方程的斜率表征浮游藻类对营养物质的利用效率,通过不同区域之间的比较,具体说明差异性。浮游植物生物量(以 Chla 浓度表示)与营养物质 TN、TP 的经验模型是湖泊管理者通过营养物质削减来评价湖泊富营养化程度的工具。以往的研究结果表明,这些经验模型都是基于多个湖泊的调查数据,通过统计分析手段,得到简单的线性方程或者复杂的多项式模型。本研究将 Chla 浓度与营养物质 TN、TP 的相关性即 Chla/TP(TN)作为评价浮游藻类对营养物质利用效率的指标。

营养物质与浮游植物生物量(以 Chla 浓度表示)之间的关系可以说明湖泊水体富营养化的限制营养盐。以往的研究结果表明,Chla 的浓度与许多因子有关,其中总磷是最重要的限制营养物质。lg Chla 与 lg TP 有较强的线性相关性,说明湖泊中藻类的生长繁殖是受 TP 浓度的限制,线性方程的斜率以及截距受一些因素的影响而具有差异性。由图 6-1 可知,我国不同区域 lg Chla 浓度与 lg TP 的线性方程斜率存在较大差异,其中,东北平原-山地、蒙新高原和云贵高原湖泊中 lg Chla 与 lg TP 有较好的线性相关性,斜率分别为 0.761、1.002 和 0.817;长江中下游和华北平原两者的线性相关性较弱,斜率分别为 0.545 和 0.250。由此可知,五个湖泊区域浮游藻类对 TP 利用效率由高到低依次是蒙新高原、云贵高原、东北平原-山地、长江中下游平原及华北平原,五个湖泊区域 lg TP 对 lg Chla 变化的解释度由高到低依次是云贵高原、蒙新高原、东北平原-山地、长江中下游平原和华北平原,分别为 47.4%、33.3%、31.2%、14.3% 和 13.0%,说明在五个区域中 Chla 浓度受 TP 限制最为明显的是云贵高原,最弱的是华北平原。Liu 等(2010)研究云贵高原杞麓湖 Chla 与 TP 的线性相关性发现,TP 可以解释 Chla 浓度变化的 42%,与本研究中得到的云贵高原湖泊中 lg Chla 与 lg TP 相关性的结果一致。

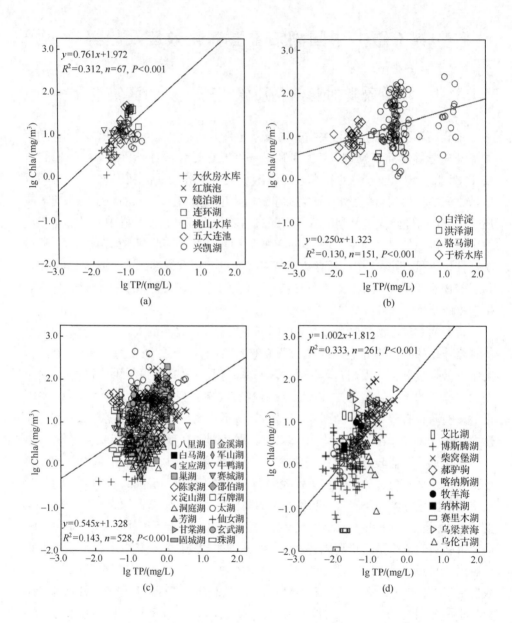

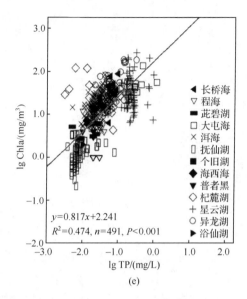

图 6-1 不同湖泊区域 TP 对浮游藻类的生态效应
(a) 东北平原-山地；(b) 华北平原；(c) 长江中下游平原；(d) 蒙新高原；(e) 云贵高原

6.2 浮游藻类对营养物质氮生态效应的区域差异性

五个湖泊区域中，华北平原、长江中下游平原和云贵高原的 lg Chla 与 lg TN 之间呈显著正相关关系（图 6-2），线性方程的斜率分别为 0.447、1.401 和 1.058，说明长江中下游平原浮游藻类对 TN 的利用效率最高。东北平原-山地及蒙新高原 lg Chla 与 lg TN 之间的相关性较弱，说明这两个区域浮游藻类对 TN 的利用效率较低。lg TN 对 lg Chla 变化的解释度由高到低依次是云贵高原、长江中下游平原、华北平原、蒙新高原及东北平原-山地。说明 TN 对湖泊中藻类生长状况影响最大的是云贵高原，可以通过 TN 的削减达到抑制藻类生长的目的，而在东北平原-山地以及蒙新高原，TN 对藻类生长的影响较小，很难通过 TN 的削减达到富营养化控制的目的。Trevisan 和 Forsberg(2007)对亚马孙平原中部（经度范围为 $60°00'\sim60°30'$W）的湖泊中 Chla 浓度与 TN 和 TP 的线性相关性进行拟合发现，这一区域的湖泊中 TN 和 TP 与 Chla 浓度均有较好的线性相关性($R^2=0.88, P=0.000; R^2=0.85, P=0.000$)，但当 TN 和 TP 同时进行多元回归时，发现只有 TN 可以解释 Chla 浓度的变化($R^2=0.89, P_{TN}=0.022, P_{TP}=0.233$)。Trevisan 等的研究结果与本研究中位于我国亚热带地区长江中下游平原（经度范围为$114°00'\sim122°00'$E）的结果类似。

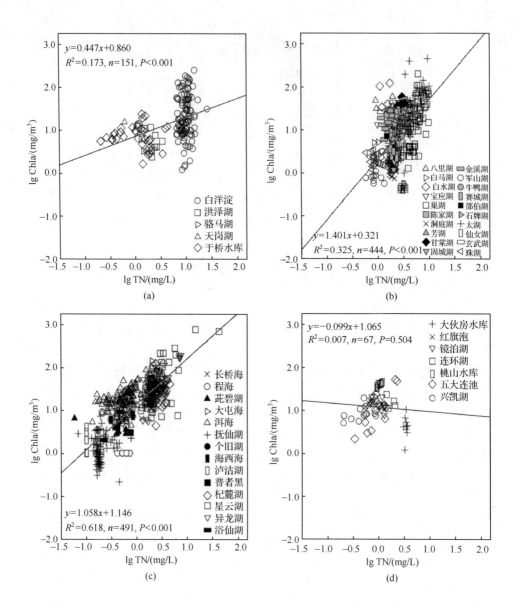

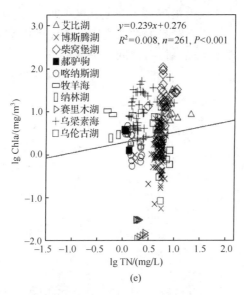

图 6-2 不同湖泊区域 TN 对浮游藻类的生态效应
(a) 华北平原；(b) 长江中下游平原；(c) 云贵高原；(d) 东北平原-山地；(e) 蒙新高原

综合 lg Chla 与 lg TP 和 lg TN 的关系发现，lg TP 对 lg Chla 变化的解释度大于 lg TN 的区域是蒙新高原和东北平原-山地，说明在蒙新高原和东北平原-山地，TP 是影响藻类生长的主要营养物质；lg TN 对 lg Chla 变化的解释度大于 lg TP 的区域是云贵高原、华北平原和长江中下游平原，说明在以上三个区域，lg TN 是影响藻类生长的主要营养物质。由此可以看出，不同区域湖泊浮游藻类对营养物质 TN 和 TP 的利用效率以及营养物质限制类型存在差异，因此，在进行营养物生态分区时，应充分考虑不同区域富营养化效应的差异性。

6.3 藻类生物量对水体透明度影响的区域差异性

在发生富营养化的水体中，以蓝藻、绿藻为优势种类的水藻大量繁殖，导致水体浑浊，透明度明显降低，使得美观程度和水体功能下降。但由于我国湖泊分布广泛，成因复杂，富营养化的成因和机制不尽相同，所以水体透明度与藻类生长状况之间的相应关系呈现明显的区域差异性。由图 6-3 可知，云贵高原、蒙新高原和华北平原，Chla 与 SD 之间均呈幂函数关系，但云贵高原 Chla 对 SD 变化的解释度最高，达到 64.4%，而蒙新高原和华北平原，Chla 对 SD 变化的解释度分别为 26.7% 和 22.5%。东北平原-山地，Chla 与透明度呈倒数关系，Chla 对透明度变化的解释度为 30.7%。长江中下游平原，Chla 与透明度之间没有任何的相关性。由以上的分析可以看出，5 个湖泊区域中藻类生长繁殖对水体透明度影响存在明显的区域差异性,透明度受藻类生长繁殖影响最大的是云贵高原,其次是东北平原-山地、蒙新高原和华北平原,而长江中下游平原两者之间没有任何相关性,可能是由于这一区域多为浅水湖泊,人类活动向湖体排放的污染物很难通过沉降作用沉于湖底,而是悬浮于水体中,从而影响水体的透明度,因此,这一区域湖泊水体透明度受藻类生长繁殖影响小于水体扰动对透明度的影响。

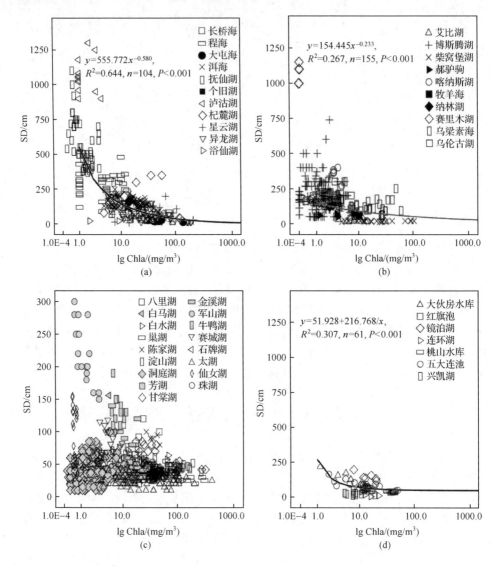

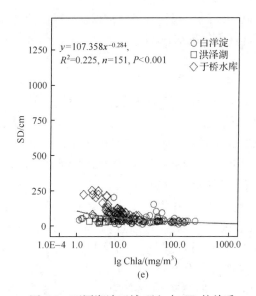

图 6-3 不同湖泊区域 Chla 与 SD 的关系
(a) 云贵高原；(b) 蒙新高原；(c) 长江中下游平原；(d) 东北平原-山地；(e) 华北平原

由以上的分析可以看出，东北平原-山地、华北平原、长江中下游平原、蒙新高原及云贵高原五个湖泊区域中 lg TP 对 lg Chla 变化的解释度最大的是云贵高原，达 47.4%，最小的是华北平原为 13.0%，说明五个湖泊区域中 Chla 浓度受 TP 限制最为明显的是云贵高原，最弱的是华北平原。浮游藻类对 TP 的利用效率由高到低依次是蒙新高原、云贵高原、东北平原-山地、长江中下游平原及华北平原。

lg TN 对 lg Chla 变化的解释度最大的同样是云贵高原，达 61.8%，最小的是东北平原-山地，说明五个湖泊区域中 Chla 浓度受 TN 限制最为明显的是云贵高原，最弱的是东北平原-山地。浮游藻类对 TN 的利用效率由高到低依次是长江中下游平原、云贵高原、华北平原、蒙新高原及东北平原-山地。由此可见，东北平原-山地和蒙新高原 TP 对 Chla 浓度变化的解释度高于 TN，而在华北平原、长江中下游平原和云贵高原，TN 对 Chla 浓度变化的解释度高于 TP。湖泊中浮游藻类生长繁殖对水体透明度影响最大的是云贵高原，其次是东北平原-山地、蒙新高原和华北平原，长江中下游平原水体透明度与浮游藻类生物量之间未见显著相关性。

6.4 我国不同湖区典型湖泊微囊藻毒素分布特征

6.4.1 典型湖泊微囊藻毒素研究概况

近年来，我国各类水体也存在不同程度的富营养化现象，湖泊水库表现尤为突出。1999年国家环保总局对全国130余个湖泊的调查表明,重富营养化湖泊占调查总数的43.5%,中富营养化湖泊占调查总数的45.0%,而分布在城市和近郊的一些湖泊甚至达到了超富营养化状态。水体的富营养化导致藻类的迅猛生长,尤其是蓝藻的过度繁殖,造成水体腥臭、透明度下降、消耗水体溶解氧,导致蓝藻水华的暴发。我国湖泊中最常见的水华蓝藻种类为铜绿微囊藻,除此以外,其他水华蓝藻如束丝藻、鱼腥藻和颤藻也是常见的水华蓝藻种类。这种藻类产生的毒素被称为微囊藻毒素(Microcystins,MCs),此毒素是淡水水体中危害最严重的一类,由于未能及时检测水质的污染变化情况及采取相应的控制措施,致使这些毒素存在于饮用水或娱乐水中,富集于鱼类或贝类并通过食物链传递,严重威胁人类的健康,全球已经发生了多起MCs中毒并引起死亡的事故。例如,1988年在巴西的BahiaItaparica水库受到蓝藻毒素污染引发超过2000人感染肠胃炎,影响延续了一个半月,共有88人死亡,而引发这次MCs污染的水华蓝藻正是铜绿微囊藻。1996年巴西Caruaru爆发血透析肝炎事件,也是由于水库源水中含有MCs,造成50人死亡。我国是一个湖泊众多的国家,全国约有2万多个湖泊,总面积达9万多平方千米,其中面积大于$1\ km^2$的有2300多个,提供了全国城镇50%以上的饮用水水源,而湖泊富营养化现象突出,那些饮用受富营养化影响的水源水的人群摄入MCs的危险性极高。因此,为了保障居民生活饮用水的安全,降低MCs对人类健康的影响,开展我国富营养化湖泊中MCs含量分布特征的调查,了解不同湖区富营养化湖泊中受MCs的影响程度是迫在眉睫的工作。

我国湖泊富营养化现象最为突出的湖泊区域是东部平原湖区、云贵高原湖区和蒙新高原湖区,而在青藏高原湖泊基本处于贫营养状态,东部平原-山地湖区湖泊富营养化程度较轻,处于轻度富营养化。选取我国东部平原、蒙新高原和云贵高原三大湖区的典型富营养化湖泊太湖、巢湖、呼伦湖、滇池和洱海分析表层水体中五种微囊藻毒素(MC-RR、YR、LR、LA、LY)的含量,目前有关各湖泊微囊藻毒素的调查情况如下所述。

太湖和巢湖同属我国东部湖区的重要淡水湖泊,位于经济发达的长江三角洲地区,是该区域工农业用水的重要水源地,同时具有旅游、航运和养殖等功能。随着经济迅猛发展,大量生活污水及一些未经处理或半处理的工业污水被直接排入湖中,使水体中氮磷含量大幅度上升,以致湖泊在短短几十年内迅速成为富营养型甚至超富营养型,湖泊富营养化往往会导致水中有毒蓝藻水华的暴发,影响饮用水水源的质量。

蒙新高原湖区呼伦湖为国家级自然保护区,面积达74万hm^2,处于中、蒙、俄三国交界处的中国境内,属于跨国生态系统的一部分,与蒙古达吾尔自然保护区、俄罗斯达吾尔斯克自然保护区共同组成了达吾尔国际自然保护区。呼伦湖是我国第五大内湖,也是中国北方地区重要的鸟类栖息地和东部内陆鸟类迁徙的重要通道。2009年姜忠峰等系统地对呼伦湖浮游植物现状进行了调查和监测,并用浮游植物污染指示种评价其营养状况,调查结果显示,呼伦湖处于富营养状态,其中蓝藻门有27种,占19.0%,是优势种。富营养状态通常会引起蓝藻的暴发,进而导致微囊藻毒素的产生,从而影响水生生物的平衡,并通过食物链危害人类的健康。早在1996年,乔明彦等为了解引起达赉湖牛、羊中毒死亡的鱼腥藻毒素及毒性,开展了呼伦湖藻类的调查,结果表明:小河口旅游区和西河口东南大湾的优势藻类为鱼腥藻,二号渔场、五号渔场和乌兰不冷的优势藻类为微囊藻,并从两种藻中分离出了MC-RR和当时未曾报道的几种毒素,但对水中MCs未进行调查,之后也甚少有关呼伦湖MCs的报道。本研究对呼伦湖水环境因子和5种MCs进行系统地调查、分析和评价,并与其他湖区湖泊中MCs分布情况进行对比寻找规律,为湖泊的富营养化防治和湖泊管理提供重要的技术支撑,并填补呼伦湖水中MCs调查数据的空白。

云贵高原地区地貌结构由广泛的夷平面、高山深谷和盆地等交错分布而构成,湖泊水深岸陡,入湖支流水系较多,而湖泊的出流水系普遍较少,湖泊换水周期长。滇池和洱海同属云贵高原地区两大著名淡水湖泊,近年来蓝藻水华的发生颇受关注,据多年的资料表明,滇池形成水华的种类主要有蓝藻门的微囊藻属和束丝藻属,其中以铜绿微囊藻占绝对优势,其规模最大,发生时间最长;洱海蓝藻水华在6~10月大量暴发,蓝藻数量高达107 cells/L,水华种类为微囊藻属的一些种,微囊藻在水华暴发期间占绝对优势,最高可达90%以上。蓝藻水华的暴发常向水体中释放一定的蓝藻毒素,这些蓝藻毒素中,微囊藻毒素是最为普遍的毒素。关于滇池与洱海微囊藻毒素的报道常有,但较少同时对比分析这两个湖泊微囊藻毒素的分布情况及影响因素。本研究为了掌握富营养化水体各环境因子对MCs种类和浓度的影响规律,在同一时期比较不同湖泊MCs种类及浓度与环境因子的关系,进而实现分区和分期预防控制湖泊中MCs污染。在夏末初秋滇池和洱海蓝藻水华暴发期间,对两湖中五种MCs的浓度展开调查,并比较影响同一湖区两湖MCs的主要环境因子的差异性,为高原湖区MCs富营养化防治和湖泊管理提供重要的技术支撑,同时将其与其他湖区中湖进行比较寻找规律,以有效控制富营养化危害。

6.4.2 样品的采集

于2011年秋季,蓝藻水华高峰期采集巢湖、太湖、呼伦湖、洱海与滇池的表层水分析5种MCs的含量。使用棕色有机玻璃采水器,采集水面下0.5 m(表层)和2 m(底层)处的混匀水样后再储存于棕色有机玻璃瓶中,每个采样点采集5L水。采用湖中地物结合GPS定位仪进行定位,五个湖泊的采样点如图6-4所示。待所有的样品采集完毕后,立即送回实验室,根据其不同指标监测具体要求进行预处理、保存。准确量取2L水样作为MCs样品按图6-5流程进行预处理。

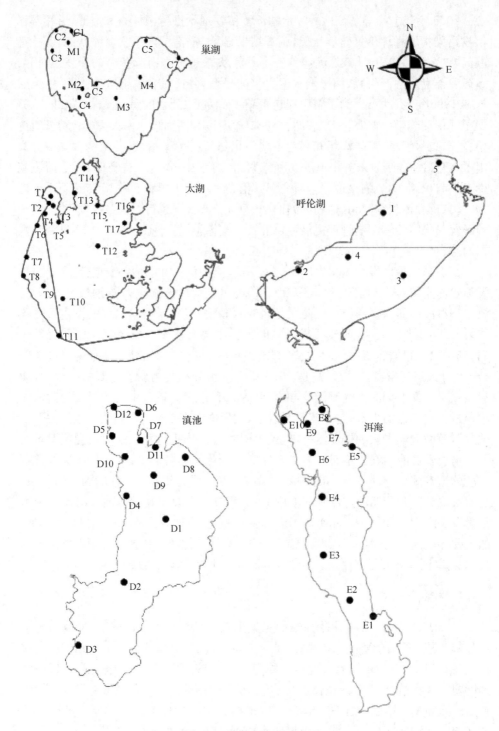

图 6-4 采样点位置示意图

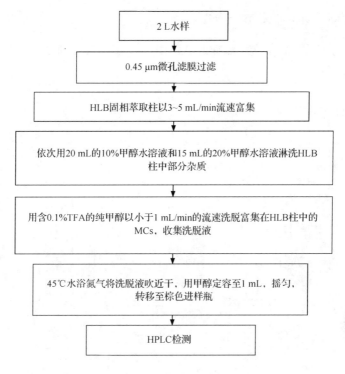

图 6-5 微囊藻毒素的检测流程图

6.4.3 分析方法

五种 MCs 采用如图 6-5 所示的流程进行样品前处理,采用安捷伦 1260 型高效液相色谱仪进行定量测定。当浓缩倍数为 2000 时,MC-RR、YR、LR、LA、LY 的最低定量限(LOQ)分别是 0.049 $\mu g/L$、0.117 $\mu g/L$、0.062 $\mu g/L$、0.106 $\mu g/L$ 和 0.086 $\mu g/L$,5 种 MCs 的实际样品加标回收率分别为 83.6%、87.0%、73.9%、94.9%和 103.3%。

色谱条件:色谱柱(ZORBAX 300SBC$_{18}$,4.6mm×150mm×5μm),DAD 检测器;

梯度洗脱:采用甲醇和含 0.02%三氟乙酸的超纯水为流动相;

甲醇的比例:0~5 min 维持在 55%,6 min 上升至 65%,6~10 min 维持在 65%,10.0 min 降回到 55%维持至 12 min,以上百分比均为体积分数;

绘制标准曲线,以外标法进行定量测定。

6.4.4 不同湖区典型湖泊 MCs 分布特征

巢湖、太湖、呼伦湖、滇池、洱海水中五种 MCs 的检测结果如图 6-6 至图 6-9 及表 6-1 所示。

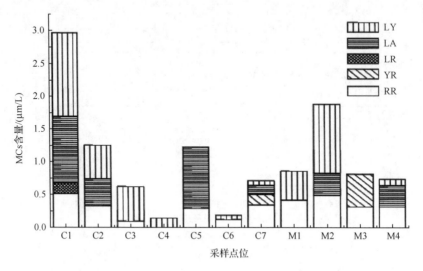

图 6-6 巢湖 5 种 MCs 含量分布

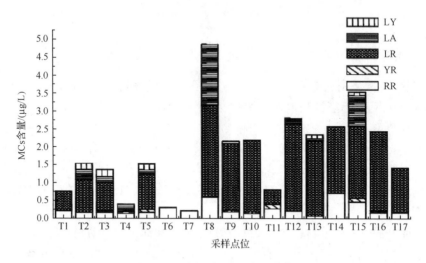

图 6-7 太湖 5 种 MCs 含量分布

第 6 章 中国湖泊富营养化效应及趋势

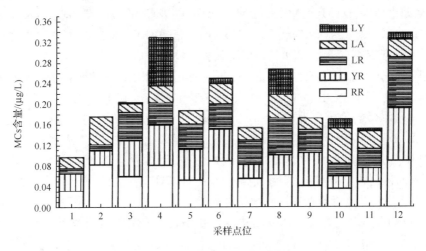

图 6-8 滇池 5 种 MCs 含量分布

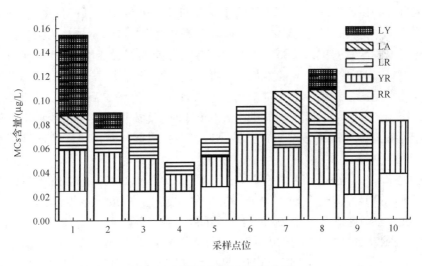

图 6-9 洱海 5 种 MCs 含量分布

表 6-1 呼伦湖 5 种 MCs 调查结果 （单位：μg/L）

点位	RR	YR	LR	LA	LY
1	0.082	N.D.	N.D.	N.D.	N.D.
2	0.474	N.D.	N.D.	N.D.	N.D.
3	0.289	N.D.	N.D.	N.D.	N.D.
4	0.200	N.D.	N.D.	N.D.	N.D.
5	N.D.	N.D.	N.D.	N.D.	N.D.

注：N.D. 为未检出。

巢湖水体中,MC-RR、MC-LA、MC-LY 三种 MCs 的检出频率较高,平均浓度分别为 0.291 μg/L、0.529 μg/L、0.464 μg/L,三种 MCs 的最高值均出现在进水口(C1),且仅有 C1 处检出 MC-LR,C7 和 M3 检出 MC-YR。

太湖水体中,MC-RR、MC-LR、MC-LA 和 MC-LY.4 种 MCs 的检出频率较高,四者的平均检出浓度分别为 0.526 μg/L、1.479 μg/L、0.402 μg/L、0.498 μg/L,最高值均出现在西岸 T8 处,MC-YR 部分检出。与巢湖相比,太湖水体中 MC-LR 的检出频率较高,最高浓度达 2.558 μg/L,超出《地表水环境质量标准》中集中式生活饮用水地表水源地对该项目的限定值 1 μg/L,MC-LA 和 MC-LY 的检出浓度差异性不大,太湖水体中 MC-RR 的检出浓度约为巢湖的 2 倍。

呼伦湖水中微囊藻毒素检测结果见表 6-1,在所布的 5 个点中除小河口旅游区(点位 5)未检测出 MCs 外,其余 4 点位均检出 MC-RR;但其余 4 种 MCs 均未检出,其中乌兰不冷(点位 2)的 MC-RR 含量值最高达 0.474 μg/L。该点位的氮磷比(N/P)为最高值,达到 25.33,这可能与文献报道的氮磷比会影响 MC-RR 的生物合成有关。Lee 等(2000)曾研究不同 N/P 对微囊藻生物量和产毒量的影响,结果表明,N/P(物质的量比)为 16:1 时,微囊藻的生物量和产毒量均为最高。代瑞华等进行氮磷限制对铜绿微囊藻生长和产毒的影响的相关实验表明:较高的 N/P(物质的量比)有利于微囊藻的生长和产毒,N/P 在 25.6 和 765 的条件下,各组实验之间微囊藻的生物量和产毒量都相差不大,两者产毒的最高值分别达 2.16 fg/cell,3.26 fg/cell。在 N/P(物质的量比)较低时,微囊藻的生长和产毒均受到抑制。李慧敏等调查结果表明官厅水库 MC-LR 的浓度与 TP 和氮磷比呈正相关关系。

滇池水体中,五种 MCs 均检出,尤以 MC-RR、YR、LR、LA 检出频率较高,全湖 MC-RR、YR、LR、LA、LY 的平均浓度分别为 0.063 μg/L、0.053 μg/L、0.048 μg/L、0.081 μg/L、0.072 μg/L,五种 MCs 的最高值出现的点位不同,MC-RR、YR、LR 最高值均出现在 D12,含量值分别为 0.090 μg/L、0.101 μg/L、0.099 μg/L;MC-LA 和 MC-LY 最高值分别出现在 D2、D4,含量值分别为 0.540 μg/L、0.093 μg/L。

洱海水体中各指标分别检出,以 MC-RR、MC-YR、MC-LR 三种 MCs 的检出频率较高,E1、E2、E8 检出 MC-LY,全湖 MC-RR、YR、LR、LY 的平均检出浓度分别为 0.028 μg/L、0.039 μg/L、0.021 μg/L、0.032 μg/L,四种 MCs 最高值均分别出现在 E10、E10、E6、E1,含量值各为 0.038 μg/L、0.044 μg/L、0.023 μg/L、0.067 μg/L。滇池与洱海 MC-LR 含量水平均未达到集中式生活饮用水地表水源地对该项目的限定值 1 μg/L,与滇池相比,洱海水体中 MCs 的含量水平较低,高频率检出的 MCs 种类较少。

巢湖、太湖、呼伦湖、滇池、洱海五大典型湖泊五种 MCs 的分布特征见表 6-2，从 TLI 指数可知，五大湖泊均已达到富营养化水平，太湖 TLI 指数值最高，达到 71.13，呼伦湖和巢湖次之，分别为 70.61 和 69.45，滇池较巢湖低但比洱海高，两湖 TLI 指数分别 63.16 和 54.41。滇池和洱海检出 MCs 种类较多，五种 MCs 均有检测，但其含量较低；巢湖与太湖检出 MCs 种类较滇池和洱海少，但其含量较高，其中太湖中 MC-LR 已超出集中式生活饮用水地表水源地对该项目限定值的两倍；呼伦湖仅检出 MC-RR。由以上的分析可以看出，云贵高原湖区检出 MCs 的种类最多，其次是东部平原湖区，蒙新高原湖区 MCs 的检出种类最少。

表 6-2 五大湖泊 MCs 的分布特征

湖区	湖泊	TLI	MCs 检出种类	MCs 平均含量/(μg/L)				
				RR	YR	LR	LA	LY
东部平原	巢湖	69.45	MC-RR、MC-LA、MC-LY	0.291	—	—	0.529	0.464
	太湖	71.13	MC-RR、MC-LR、MC-LA、MC-LY	0.526	—	1.480	0.402	0.498
蒙新高原	呼伦湖	70.61	MC-RR	0.261				
云贵高原	滇池	63.16	5 种 MCs 均检出	0.063	0.053	0.048	0.081	0.021
	洱海	54.41	MC-RR、MC-YR、MC-LR、MC-LY	0.028	0.039	0.021		0.032

目前关于 MCs 产生机理的讨论，主要有两种论点：一个是环境因子，另一个是遗传差异。毒素遗传论者认为，微囊藻有毒株和无毒株的毒性是由遗传因素决定的。李大命等对蓝藻水华暴发期间太湖和巢湖水体中产毒微囊藻和总微囊藻种群丰度的空间分布进行了研究。结果表明：两湖微囊藻种群由产毒微囊藻和非产毒微囊藻组成；蓝藻水华暴发期间，巢湖产毒微囊藻种群占总微囊藻种群的 8.40%～96.6%；太湖产毒微囊藻占总微囊藻种群的 20.5%～38.1%。他们还指出富营养化严重的湖区总微囊藻和产毒微囊藻种群丰度较高，产毒微囊藻占总微囊藻种群的比例也较高。本研究的研究结果与李大命的研究结果相符。

6.4.5 不同湖区典型湖泊 MCs 与环境因子的多元回归分析

利用逐步回归分析方法可以在建立回归方程中筛选自变量，从中自动挑选出对因变量影响显著的因子。分别将 5 种 MCs 作为因变量，环境因子透明度（SD）、温度（T）、pH、溶解氧（DO）、总氮（TN）、氨氮（NH_3-N）、总磷（TP）、磷酸根（PO_4^{4+}）、叶绿素 a（Chla）、总有机碳（TOC）、综合富营养化状态指数（TLI）、氮磷比（N/P）分别为 $x_1 \sim x_{12}$，作为自变量。经逐步回归分析，求得回归方程，对各个方程的共线性检验表明，容忍度（tolerance）均大于 0.1，而变异膨胀因子均小于 10，无共线性问题;回归方程中相关系数均大于 0.5,有较好的拟合度,结果见表 6-3。

表 6-3 微囊藻毒素含量和各环境因子的逐步回归分析结果

湖泊	毒素	拟合方程	调整的 R^2	容忍度	VIF
巢湖	MC-LR	$y=0.580x_6-0.470$	0.314	1.000	1.000
	MC-LY	$y=-0.213x_4+2.029$	0.459	1.000	1.000
	MC-YR	$y=0.015x_{10}-0.270$	0.316	1.000	1.000
太湖	MC-LR	$y=11.386x_9-0.219x_{10}+2.918$	0.510	0.983	1.018
滇池	MC-LR	$y=0.006x_5+0.01\ x_{12}-0.14$	0.848	0.938	1.067
	MC-YR	$y=0.014x_4-0.064$	0.402	1.000	1.000
洱海	MC-YR	$y=0.036x_3-0.003x_9-0.025$	0.797	0.985	1.015

注:y 代表 MCs(μg/L);x 代表环境因子(mg/L)。

东部平原湖区巢湖和太湖水体中 MC-LR 均能与环境因子拟合。进入巢湖 MC-LR 回归模型的变量只有 NH_3-N,而进入太湖 MC-LR 回归模型的有 Chla 和 TOC;DO 和 TOC 分别进入巢湖 MC-LY 与太湖 MC-YR 的回归模型中;其余 MCs 未能与环境因子回归拟合,因此认为可通过水中的 NH_3-N 和 DO 的浓度分别对巢湖中的 MC-LR、MC-LY 浓度进行预测,通过 TOC 的浓度对太湖 MC-YR 浓度预测,Chla、TOC 预测太湖水中 MC-LR,其余 MCs 难以通过环境因子来预测。

对呼伦湖环境因子与 MC-RR 进行逐步回归分析发现 12 个因变量均未能进入 MC-RR 的回归方程。

云贵高原湖区滇池和洱海水体中 MC-YR 均能与环境因子拟合。进入滇池 MC-YR 回归模型的变量有 DO,而进入洱海 MC-YR 回归模型的有 pH 和 Chla;进入滇池 MC-LR 回归模型的变量有 TN 和 N/P;其余 MCs 未能与环境因子回归拟合,因此认为可通过水中的 DO 的浓度对滇池中的 MC-LR 浓度进行预测,TN 和 N/P 对滇池中的 MC-LR 浓度进行预测;通过 pH 和 Chla 的浓度对洱海中的 MC-YR 浓度进行预测;两湖其余 MCs 难以通过环境因子的已知浓度来预测其含量值。

(1) 根据以上的研究结果可知:东部平原湖区 MCs 含量最高,云贵高原湖区 MCs 检出种类最多但含量较低,蒙新湖区 MCs 检出种类最少。同一湖区内富营养化水平较高的其 MCs 检出含量与种类也较高,东部平原湖区太湖营养水平高于巢湖,MCs 的检出种类和含量较巢湖多且高;云贵高原湖区滇池营养水平高于洱海,其检出种类和含量较洱海多且高。

(2) 逐步回归分析的结果表明:各湖中与同一种 MC 进行拟合的因子存在差

异性,巢湖 NH_3-N 和 DO 分别能与 MC-LR、MC-LY 较好地拟合。太湖 Chla、TOC 同时与 MC-LR 进行回归拟合,TOC 还同时能与 MC-YR 较好地拟合。呼伦湖 MCs 未能与环境因子较好地拟合。滇池 MC-YR 与 DO 能较好地拟合,MC-LR 同时与 TN 和 N/P 能较好地拟合。洱海 MC-YR 同时与 pH 和 Chla 能较好地拟合。其余 MCs 未能与环境因子回归拟合。

参 考 文 献

白晓华，胡维平. 2006. 太湖水深变化对氮磷浓度和叶绿素 a 浓度的影响. 水科学进展，17(5)：727-732.

蔡金傍，李文奇，逄勇，等. 2010. 水库微囊藻毒素 3 种异构体的年变化过程研究. 农业环境科学学报，29(1)：152-156.

曹金玲，许其功，席北斗，等. 2011. 第二阶梯湖泊富营养化自然地理因素及效应. 中国环境科学，31(11)：1849-1855.

陈隽. 2006. 肝毒性微囊藻毒素在巢湖和太湖水生动物体内的生物富集及对水产品安全性的潜在威胁. 武汉：中国科学院水生生物研究所.

陈丽丽，李秋华，滕明德，等. 2011. 两座高原水库蓝藻群落结构与微囊藻毒素的分布对比研究. 生态环境学报，20(6-7)：1068-1074.

陈永灿，张宝旭，李玉梁，等. 1998. 密云水库富营养化分析与预测. 水利学报，(7)：12-15.

代瑞华，刘会娟，曲久辉，等. 2008. 氮磷限制对铜绿微囊藻生长和产毒的影响. 环境科学学报，28(9)：1740-1744.

戴瑾瑾，陈德辉，高云芳，等. 2009. 蓝藻毒素的概况. 武汉植物学研究，27(1)：90-97.

戴明. 2009. 微囊藻毒素分析检测技术研究进展. 质量技术监督研究，6.

邓开宇. 2008. 从西湖叶绿素 a 的变化浅析西湖综合保护工程效益. 杭州：浙江工业大学.

董传辉，俞顺章，陈刚，等. 1998. 江苏几个地区与某湖周围水厂不同型水微囊藻毒素调查. 环境与健康杂志，15(3)：111-113.

范成新. 1996. 太湖水体生态环境历史演变. 湖泊科学，8(4)：297-300.

范成新，羊向东，史龙新，等. 2005. 江苏湖泊富营养化特征、成因及解决途径. 长江流域资源与环境，14(2)：218-223.

顾志伟，邵国健，余娟，等. 2011. 水中微囊藻毒素检测技术进展. 浙江预防医学，23(3)：24-27.

顾宗濂. 2002. 中国富营养化湖泊的生物修复. 农村生态环境，18(1)：42-45.

国家环境保护总局. 2000. 1999 年中国环境状况公报. 环境保护，(6)：3-8.

国家环境保护总局. 2002. 地表水环境质量标准. 北京：国家质量监督检验检疫总局.

国家环境保护总局. 2002. 水和废水监测分析方法. 北京：中国环境科学出版社.

韩向红，杨持. 2002. 呼伦湖自净功能及其在区域环境保护中的作用分析. 自然资源学报，17(6)：684-690.

杭君，张建英，陈英旭，等. 2006. 微囊藻毒素含量与自然水体环境影响因子的相关性. 环境科学，27(10)：1970-1973.

和丽萍，赵祥华. 2003. "九五"期间滇池流域水污染综合治理工程措施及其效益分析. 云南环境科学，22(3)：40-43.

何振荣，俞家禄，何家菀，等. 1989. 东湖蓝藻水华毒性的研究Ⅱ. 季节变化及微囊藻的毒性.

水生生物学报,(133):201.

胡茂林,吴志强,刘引兰.2010.鄱阳湖湖口水位特性及其对水环境的影响.水生态学杂志,(1):1-6.

胡明明.2011.云南高原湖库浮游细菌及其与植物种群作用关系研究.武汉:中国科学院水生生物研究所.

黄德丰.1992.磷和氮对湖泊富营养化的同步效应及其负荷比.环境科学丛刊,13(6):66-68.

黄继国,傅鑫廷,王雪松,等.2009.湖水冰封期营养盐及浮游植物的分布特征.环境科学学报,29(8):1678-1683.

霍守亮,陈奇,席北斗,等.2009.湖泊营养物基准的制定方法研究进展.生态环境学报,18(2):743-748.

姜加虎,黄群.2004.青藏高原湖泊分布特征及与全国湖泊比较.水资源保护,6:24-27.

姜忠峰,李畅游,张生,等.2011.呼伦湖浮游植物调查与营养状况评价.农业环境科学学报,30(4):726-732.

金丽娜,张维昊,郑利,等.2002.滇池水环境中微囊藻毒素的生物降解.中国环境科学,22(2):189-192.

金相灿,等.1995.中国湖泊环境.北京:海洋出版社.

金相灿,胡小贞.2010.湖泊流域清水产流机制修复方法及其修复策略.中国环境科学,30(3):374-379.

金相灿,刘鸿亮,屠清瑛,等.1990.中国湖泊富营养化.北京:中国环境科学出版社.

金相灿,屠清瑛.1990.湖泊富营养化调查规范.北京:中国环境科学出版社.

金相灿,叶春,颜昌宙,等.1999.太湖重点污染控制区综合治理方案研究.环境科学研究,12(5):1-5.

李大命,繁翔,张民,等.2011.太湖和巢湖水华期间产毒微囊藻和非产毒微囊藻种群丰度的空间分布.应用与环境生物学报,17(4):480-485.

李共国,吴芝瑛,虞左明.2006.引水和疏浚工程支配下杭州西湖浮游动物的群落变化.生态学报,26(10):3508-3515.

李慧敏,杜桂森,姜树君,等.2010.官厅水库的微囊藻毒素及其与水环境的相关性.生态学报,30(5):1322-1327.

李家科.2004.博斯腾湖水环境容量及污染物排放总量控制研究.西安:西安理工大学.

李堃,殷福才,贾良清,等.2007.微囊藻毒素生态学研究.生物学杂志,24(5):1-4.

李卫红,陈跃滨,郭永,等.2002.博斯腾湖环境与资源的保护和可持续利用.干旱区地理,25(3):225-230.

李小平.2002.美国湖泊富营养化的研究和治理.自然杂志,24(2):63-68.

李晓铃,李爱农,刘国祥,等.2010.云贵高原区湖泊空间分布格局.长江流域资源与环境,(S1):90-96.

李艳梅,曾火炉,周启星.2009.水生态功能分区的研究进展.应用生态学报,20(12):3101-3108.

梁佳,曹明明.2010.微囊藻毒素的研究进展.地下水,32(2):133-135.

梁丽丽,弓爱君,李红梅,等.2010.高效液相色谱法检测水体中微囊藻毒素.分析化学研究简报,38(5):740-742.

林祥吉,陈华.2007.微囊藻毒素的细胞毒性研究进展.海峡预防医学杂志,13(1):23-24.

林毅雄,刘秀芬,阎海,等.2001.滇池铜绿微囊藻(*Mcrocystis aeruginosa* Kütz)毒素及其在水体中的变化.环境污染治理技术与设备,2(5):11-13.

刘碧波,肖邦定,刘剑彤,等.2005.天然水体中痕量微囊藻毒素的高效液相色谱测定方法优化.分析化学,33(11):1577-1579.

刘冬燕,宋永昌,陈德辉.2003.苏州河叶绿素a动态特征及其与环境因子的关联分析.上海环境科学,22(4):261-264.

刘光钊.2005.水体富营养及其藻害.北京:中国环境科学出版社.

刘鸿亮.2011.湖泊富营养化控制.北京:中国环境科学出版社.

刘吉峰,吴怀河,宋伟.2008.中国湖泊水资源现状与演变分析.黄河水利职业技术学院院报,20(1):1-4.

刘丽萍.1999.滇池水华特征及成因分析.环境科学研究,12(5):36-37.

刘晶,秦玉洁,丘炎伦,等.2005.生物操纵理论与技术在富营养化湖泊治理中的应用.生态科学,24(2):188-192.

刘永定.2009.湖泊富营养化成因知多少? http://www.cenews.com.cn/xwzx/gd/qt/200910/t20091029_624023.html.

刘总堂,李春海,章钢娅.2010.运用主成分分析法研究云南湖库水体中重金属分布.环境科学研究,23(4):459-466.

卢纹岱.2010.SPSS统计分析.北京:电子工业出版社:472.

吕兴菊,朱江,孟良.2010.洱海水华蓝藻多样性初步研究.环境科学导刊,29(3):32-35.

麻丽华.2007.微囊藻毒素的检测技术与污染控制技术的研究进展.常州轻工职业技术学院学报,3:15-19.

马荣华,杨桂山,段洪涛,等.2011.中国湖泊的数量面积与空间分布.中国科学:地球科学,41(3):394-401.

毛敬英,杨敏,狄一安,等.2012.高效液相色谱法检测水中5种微囊藻毒素.环境工程学报,6(11).

孟伟,刘征涛,张楠,等.2008.流域水质目标管理技术研究(II).环境科学研究,21(1):1-8.

孟伟,张远,郑丙辉.2006.水环境质量基准、标准与流域水污染物总量控制策略.环境科学研究,19(3):1-6.

孟伟,张远,郑丙辉.2007.水生态区划方法及其在中国的应用前景.水科学进展,18(2):293-300.

孟玉珍,张丁,王兴国,等.1999.郑州市水源水藻类和藻类毒素污染调查.卫生研究,28(2):100-101.

莫美仙,张世涛,叶许春,等.2007.云南高原湖泊滇池和星云湖pH值特征及其影响因素分析.农业环境科学学报,1303.

穆丽娜,陈传炜,俞顺章,等.2000.太湖水体微藻毒素含量调查及其处理方法研究.中国公共卫生，16(9)：803-804.

聂晶晶，李元，李琴，等. 2007. 微囊藻毒素检测方法的研究进展. 中国环境监测，23(2)：43-48.

潘晓洁，常锋毅，沈银武，等. 2006.滇池水体中微囊藻毒素含量变化与环境因子的相关性研究. 湖泊科学，18(6)：572-578.

彭近新，陈慧君. 1988. 水质富营养化与防治. 北京：中国环境科学出版社：73.

戚莉莉，程子波，邹华，等. 2009.高效液相色谱法测定太湖水中微囊藻毒素. 食品与生物技术报，28(1)：97-101.

钱天鸣，虞左明. 2001. 西湖叶绿素周年动态变化及藻类增长潜力试验. 湖泊科学，13(2)：143-147.

乔明彦，何振荣，沈智，等. 1996. 达赉湖鱼腥藻水华对羊的毒害作用及毒素分离. 内蒙古环境保护，8(1)：19-20.

秦伯强. 1993. 中亚近期气候变化的湖泊响应. 湖泊科学，(2)：118-127.

秦伯强. 2002. 长江中下游浅水湖泊富营养化发生机制与控制途径初探. 湖泊科学，14(3)：193-202.

秦伯强，胡维平，陈伟民，等. 2004. 太湖水环境演化的过程与机理. 北京：科学出版社.

秦铭荣，任健，商兆堂，等. 2008. 2007年卫星监测太湖蓝藻情况分析. 安徽农业科学，36(32)：14258-14259.

《青海湖流域生态环境保护与修复》编辑委员会. 2008. 青海湖流域生态环境保护与修复. 西宁：青海人民出版社.

日本水污染研究会. 1989. 湖泊环境调查指南. 北京：中国环境科学出版社：11-19

邵国健，吴丹青，余娟. 2011.固相萃取HPLC法测定太湖水中3种微囊藻毒素. 中国卫生检验杂志，21(1)：72-75.

商兆堂，任健，秦铭荣，等. 2010. 气候变化与太湖蓝藻暴发的关系. 生态学杂志，29(1)：55-61.

沈德福，李世杰，陈炜，等. 2011. 黄河源区鄂陵湖现代湖盆形态研究. 地理科学，(10)：1261-1265.

沈红娜，周建威，袁帅. 2011.高效液相色谱法测定喀斯特型高原深水水库中的微囊藻毒素的含量. 贵州师范大学学报(自然科学版)，29(1)：95-98.

施玮，吴和岩，赵耐青，等. 2005. 淀山湖水质富营养化和微囊藻毒素污染水平. 环境科学，26(5)：55-61.

史小红，李畅游，贾克力. 2007. 乌梁素海污染现状及驱动因子分子. 环境科学与技术，30(4)：37-39.

宋开山，张柏，王宗明，等. 2007. 吉林查干湖水体叶绿素a含量高光谱模型研究. 湖泊科学，19(3)：275-282.

宋立荣，陈伟. 2009. 水华蓝藻产毒的生物学机制及毒素的环境归趋研究进展. 湖泊科学，21(6)：749-757.

孙大鹏，唐渊，许志强，等. 1991. 青海湖泊水化学演化的初步研究. 科学通报，36(15)：

1172-1172.

孙昌盛,陈华,薛常镐,等.2000.同安水环境藻类及藻类毒素分布调查.中国公共卫生,16(2):147-148.

田立民,王晓英.2010.芦苇和香蒲对富营养化水体的净化效果.江苏农业科学,(4):409-411.

汪财生,李共国.2006.疏浚后杭州西湖的桡足类.湖泊科学,18(6):643-648.

王浩.2010.湖泊流域水环境污染治理的创新思路与关键对策研究.北京:科学出版社.

王海军.2008.长江中下游中小型湖泊预测湖沼学研究.武汉:中国科学院水生生物研究所.

王红兵,刘世杰.1998.微囊藻毒素、佛波酯和苯巴比妥钠对细胞间隙通讯和细胞内 Ca(2+)浓度的影响.北京医科大学学报,30(6):568-570.

王洪道.1995.中国的湖泊.北京:商务印书馆.

王洪道.1989.中国湖泊资源.北京:科学出版社.

王红梅,陈燕.2009.滇池近 20 年富营养化变化趋势及原因分析.环境科学导刊,28(3):57-60.

王金丽,梁文艳,陈莉.2010.微囊藻毒素 MC-LR 的分离与纯化.北京林业大学学报,32(2):184-188.

王经结,杨佳,鲜啟鸣,等.2011.太湖微囊藻毒素时空分布特征及与环境因子的关系.湖泊科学,23(4):513-519.

王荔弘.2006.呼伦湖水环境及水质状况浅析.呼伦贝尔学院学报,14(6):5-7.

王明翠,刘雪芹,张建辉.2002.湖泊富营养化评价方法及分级标准.中国环境监测,18(5):47-49.

王苏民,窦鸿身.1998.中国湖泊志.北京:科学出版社.

魏文志,付立霞,陈日明.等.2010.高邮湖水质与浮游植物调查及营养状况评价.长江流域资源与环境,19(31):106-110.

魏徵,郑朔方,储昭升.2010.应用藻类生长潜力试验的方法研究滇池藻类生长的控制因子.环境科学学报,30(7):1472-1478.

吴丰昌,孟伟,宋永会,等.2008.中国湖泊水环境基准的研究进展.环境科学学报,28(12):2385-2393.

吴和岩,苏瑾,施玮.2004.微囊藻毒素的毒性及健康效应研究进展.中国公共卫生,20(4):492-4941.

吴和岩,郑力行,苏瑾,等.2005.上海市供水系统微囊藻毒素 LR 含量调查.卫生研究,34(2):152-154.

吴洁,钱天鸣,虞左明.2001.西湖叶绿素周年动态变化及藻类增长潜力试验.湖泊科学,13(2):143-147.

吴静,王玉鹏,蒋颂辉,等.2001.城市供水藻毒素污染水平的动态研究.中国环境科学,21(4):322-325.

肖付刚,赵晓联,汤坚,等.2008.免疫亲和层析-液质联用法检测蓝藻中的微囊藻毒素.分析化学,36(1):99-102.

肖付刚,赵晓联,汤坚,等.2009.液质联用法检测蓝藻中的微囊藻毒素.分析化学,37(3):

369-372.

谢平.2009.微囊藻毒素对人类健康影响相关研究的回顾.湖泊科学,21(5):603-613.

辛艳萍,韩博平,雷腊梅,等.2010.两座抽水型水库蓝藻种群与微囊藻毒素的比较分析.热带亚热带植物学报,18(3):224-230.

许秋瑾,高光,陈伟民.2005.太湖微囊藻毒素年变化及其与浮游生物的关系.中国环境科学,25(1):28-31.

余国营,刘永定,丘昌强,等.2000.滇池水生植被演替与水环境的关系.湖泊科学,12(1):73-80.

闫海,潘纲,张明明.2002.微囊藻毒素研究进展.生态学报,22(11):1968-1975.

杨华.2006.巢湖和太湖微囊藻毒素的生态学.武汉:中国科学院水生生物研究所.

杨建新,祁洪芳,史建全,等.2005.青海湖水化学特性及水质分析.淡水渔业,35(3):28-32.

杨建新,祁洪芳,史建全,等.2008.青海湖夏季水生生物调查.青海科技,(6):19-25.

杨旭光,文奇,怀东,等.2007.河北YH不同季节中微囊藻毒素-LR与N、P之间的关系.湖泊科学,19(2):131-138.

伊元荣,海米提·依米提,王涛,等.2008.主成分分析法在城市河流水质评价中的应用.干旱区研究,25(4):497-501.

殷娣娣,高乃云,黎雷.2010.水体微囊藻毒素表征指标检测方法综述.上海环境科学,29(5):213-230.

尹真真.2006.国内外水体富营养化机理研究历史与进展.微量元素与健康研究,23(3):46-47.

余国营,刘永定,丘昌强,等.2000.滇池水生植被演替与水环境的关系.湖泊科学,12(1):73-80.

余进祥,刘娅菲,钟晓兰,等.2009.鄱阳湖水体富营养化评价方法及主导因子研究.江西农业学报,21(4):125-128.

虞锐鹏,陶冠军,秦方,等.2003.液相色谱-电喷雾电离质谱法测定水中的微囊藻毒素.分析化学,31(12):1462-1464.

虞孝感,Nipper J,燕乃玲.2007.从国际治湖经验探讨太湖富营养化的治理.地理学报,62(9):899-906.

郁晞,高红梅,彭丽霞,等.2010.淀山湖微囊藻毒素-LR的污染状况及居民肝功能的调查.环境与职业医学,27(3):153-155.

袁国林,贺彬.2008.滇池流域地理特征对滇池水污染的影响研究.环境科学导刊,(5):21-23.

詹旭,吕锡武.2010.水源地藻类及藻毒素同时去除的效果及机制分析.环境科学学报,30(4):775-780.

张大铃,李小平.2009.淀山湖水体叶绿素a与环境因子的关系.环境科学与技术,32(6C):83-86.

张功强,王开云,任檩.2008.乌梁素海的环境现状及其污染原因初探.内蒙古水利,1:5-6.

张敬平,肖付刚,赵晓联,等.2009.微囊藻毒素分析检测技术.北京:化学工业出版社:29-32.

张立将,尹立红,浦跃朴,等.2005.水中微囊藻毒素高效液相色谱检测与前处理条件优化.东南大学学报(自然科学版),35(3):446-451.

张利民,钱江,汪琦.2011.江苏省太湖应急防控形势及对策体系研究.环境监测管理与技术,2:1-7.

张明,李伟英,刘颖,等.2008.高效液相色谱法检测水体中微囊藻毒素-LR的方法改进.中国给水排水,24(22):78-81.

张维浩,方涛,徐小清,等.2001.滇池水华蓝藻中微囊藻毒素的光降解研究.中国环境科学,21:19-22.

张玮,林一群,郭定芳,等.2006.不同氮、磷浓度对铜绿微囊藻生长、光合及产毒的影响.水生生物学报,30(3):318-322.

张晓晶,李畅游,张生.2010.内蒙古乌梁素海富营养化与环境因子的相关分析.环境科学与技术,33(7):125-129.

张亚丽,许秋瑾,席北斗,等.2010.中国蒙新高原湖区水环境主要问题及控对策.湖泊科学,23(6):828-836.

张运林,秦伯强,黄群芳.2002.东部平原地区湖泊富营养化的演变及区域分析.上海环境科学,21(9):548-554.

张志娟.2009.微囊藻及其毒素对大型蚤生长和繁殖的影响研究.郑州:河南师范大学.

张忠孝.2004.青海地理.西宁:青海人民出版社:233-234,389.

赵定涛,魏玖长,洪进,等.2005.巢湖流域环保政策的变迁分析.法制与管理,(5):23-26.

柘元蒙.2002.滇池富营养化现状、趋势及其综合防治对策.云南环境科学,21(1):35-38.

郑利,谢平,林匡飞,等.2004.武汉莲花湖微囊藻毒素含量的变化特征及其影响因素的研究.农业环境科学学报,23(6):1053-1057.

中华人民共和国环境保护部.2010.2009年中国环境状况公报.

中华人民共和国环境保护部.2010.HJ/T168—2010 环境监测分析方法标准制订技术导则.

中华人民共和国卫生部.2006.GB 5749—2006 生活饮用水卫生规范.北京.

钟成华.2004.三峡水库水华富营养化研究.成都:四川大学.

周伦,鱼达,余海,等.2000.饮用水源中微囊藻毒素与大肠癌发病的关系.中华预防医学杂志,34(4):224-226.

朱莹佳,张爱勇,伊玉玲.2008.湖泊源水中微囊藻毒素的光催化降解研究进展.现代化工,28(2):24-26.

Ame M V, Diaz M D P, Wunderlin D A. 2003. Occurrence of toxic cyanobacterialblooms in san roque reservoir (cordoba, Argentina): A field and chemometric study. Environ Toxico, 18: 192-201.

Bickel H, Lyck S. 2001. Importance of energy charge for micro-cystin production. In: Chorus I. Cyanotoxins. Berlin: Springer: 133-141.

Bohn B A, Kershner J L. 2002. Establishing aquatic restoration priorities using a watershed approach. Journal of Environmental Management, 64(6): 355-363.

Bu H M, Tan X, Li S Y, et al. 2010. Temporal and spatial variations of water quality in the Jinshui River of the South Qinling Mts, China. Ecotoxicology and Environmental Safety: 73:

907-913.

Carpenter S R, Christensen D L, Cole J J, et al. 1995. Biological control of eutrophication in lakes. Environ Sci Technol, 29: 784-786.

Cebsllos D E, Koning B S O, Olivera A D E, et al. 1998. Dam reservoir eutrophication: a simplified technique for a fast diagnosis of an environmental degradation. Water Res, 32 (11): 3477-3483.

Codd G A. 2000. Cyanobacterial toxins, the perception of water quality, and the prioritization of eutrophication control. Ecological Engineering, 16: 51-60.

Dai M, Xie P, Liang G D, et al. 2008. Simultaneous determination of microcystin-LR and its glutathione conjugate in fish tissues by liquid chromatography-tandem mass spectrometry. Chromatogr B, 862(122): 43-50.

Dillon P J, Rigler F H. 1974. The phosphorus-chlorophyll relationship in lakes. Limnology and Oceanography, 19(5): 767-773.

Domagalski J, Lin C, Luo Y, et al. 2007. Eutrophication study at the Panjiakou-Daheiting Reservoir system, northern Hebei Province, People's Republic of China: Chlorophyll-a model and sources of phosphorus and nitrogen. Agricultural Water Management, 94 (1-3): 43-53.

Dong W T. 1998. Homology Algebra. Beijing: Beijing Gao Deng Press.

Figueire do D R, Azeiteiro U M, Esteves S M, et al. 2004. Microcystin-producing blooms-aserious global public health issue. Ecotoxicology and Environmental Safety, 59(2): 151-163.

Geoffrey A C, Louise F M, James S M. 2005. Cyanobacterial toxins: risk management for health protection. Toxicology and Applied Pharmacology, 203 (3): 264-272.

Gibson G, Carlson R, Simpson J. 2000. Nutrient criteria technical guidance manual: lakes and reservoirs (EPA-822-B-00-001). Washington D C: United States Environment Protection Agency.

Golan J S. 1999. The Theory of Semirings with Applications in Mathematics and Theoretical Computer Science. Exxes, England: Longman Scientific&Technical.

Gupta N, Pant S C, Vijayaraghavan R, et al. 2003. Comparative toxicity evaluation of cyanobacterial cyclic peptide toxin microcystin variants(LR, RR, YR) in mice. Toxicology, 188: 285-296.

Haider S, Naithani V, Viswanathan P N, et al. 2003. Cyanobacterial toxins: agrowing environmental concern. Chemosphere, 52: 1-21.

Harada K I. 1999. Recent advances of toxic cyanobacteria research. J Health Sci, (45): 150-165.

Havens K E, Jin K R, Rodusky A J, et al. 2001. Hurricane effects on a shallow lake ecosystem and its response to a controlled manipulation of water level. Sci World, (1): 44-70.

Havens K E, Nürnberg G K. 2004. The phosphorus-chlorophyll relationship in lakes: potential influences of color and mixing regime. Lake and Reservoir Management, 20(3): 188-196.

Huszar V L M, Caraco N F, Roland F, et al. 2006. Nutrient-chlorophyll relationships in tropical-subtropical lakes: do temperate models fit. Biogeochemistry, 79: 239-250.

Ikawa M, Phillips N, Haney J F. 1999. Interference by plastics additives in the HPLC determination of microcystin-LR and-YR. Toxicon, 37(6): 923-929.

Jones J R, Bachmann R W. 1976. Prediction of phosphorus and chlorophyll levels in lakes. Journal of Water Pollution Control Federation, 48: 2176-2182.

Jung J M, Lee Y J, Park H G, et al. 2005. Changes in microcystin content and environmental parameters over the course of a toxic cyanobacteria bloom in a hypertrophic regulated river, South Korea. Journal of Environmental Biology, 26(1): 97-103.

Karim B, Marhaba T F. 2003. Using principal component analysis to monitor spatial and temporal changes in water quality. Journal of Hazardous Materials, 100(1-3): 179-195.

Kotak B G, Lam A K I, Prepas E E, et al. 1995. Variability of the hepatotoxin microcystin-LR in hypereutrophic drinking water lakes. J Phyco, 3: 248-263.

Lee S J, Jang M H, Kim H S, et al. 2000. Variation of microcystin content of *Microcystis aeruginosa* relative to medium N : P ratio and growth stage. Journal of Applied Microbiology, 89: 323-329.

Liu W Z, Zhang Q F, Liu G H. 2010. Lake eutrophication associated with geographic location, lake morphology and climate in China. Hydrobiologia, 644: 289-299.

Liu Y, Guo H C, Yang P J. 2010. Exploring the influence of lake water chemistry on chlorophyll a: a multivariate statistical model analysis. Ecological Modelling, 221: 681-688.

Lundberg C, Lönnroth M, von Numers M, et al. 2005. A multivariate assessment of coastal eutrophication. Examples from the Gulf of Finland, northern Baltic Sea. Marine Pollution Bulletin, 50(11): 1185-1196.

Mazumder A. 2004. Phosphorus-chlorophyll relationships under contrasting herbivory and thermal stratification: predictions and patterns. Canadian Journal of Fisheries and Aquatic Sciences, 51: 390-400.

McCauley E, Downing J A, Watson S. 1989. Sigmod relationships between nutrients and chlorophyll among lakes. Canadian Journal of Fisheries and Aquatic Science, 46: 1171-1175.

Ngirane-Katashaya G G. 1991. Integrated water resources planning as a factor in environmental pollution control. Water Science & Technology, 24(1): 25-34.

Nieuwenhuyse E E. 2007. Response of summer chlorophyll concentration to reduced total phosphorus concentration in the Rhine River (Netherlands) and the Sacramento-San Joaquin Delta (California, USA). Canadian Journal of Fisheries and Aquatic Science, 64: 1529-1542.

Nieuwenhuyse E E V, Jones J R. 1996. Phosphorus chlorophyll relationship in temperate streams and its variation with stream catchment area. Canadian Journal of Fisheries and Aquatic Sciences, 53: 99-105.

Pan B Z, Wang H J, Liang X M, et al. 2009. Factors influencing chlorophyll a concentration in the Yangtze-connected lakes. Fresenius Environmental Bulletin, 18(10): 1894-1900.

Perona U, bonilla I, Mateo P. 1999. Spatial and temporal changes in water quality in a Spanish river. The Science of the Total Environment, 240: 75-90.

Peters R H. 1986. The role of prediction in limnology. Limnology Oceanography, 31: 1143-1159.

Phillips G, Pietiläinen O P, Carvalho L, et al. 2008. Chlorophyll-nutrient relationships of different lake types using a large European dataset. Aquatic Ecology, 42: 213-226.

Prairie Y T, Duarte C M, Kalff J. 1989. Unifying nutrient-chlorophyll relationships in lakes. Canadian Journal of Fish Aquatic Science, 46: 1176-1182.

Prepas E E, Trew D O. 1983. Evaluation of the phosphorus-chlorophyll relationship for lakes off the precambrian shield in Western Canada. Canadian Journal of Fisheries and Aquatic Sciences, 40(1): 27-35.

Rapala J, Erkom aa K, Kukkonen J, et al. 2002. Detection of microcystins with prote in phosphatase inhibition assay, high-performance liquid chrom a tography—UV detection and enzymelinked immunosorbent assay compa rison of methods. Analytica Chimica Acta, 466 (2): 213-231.

Rapala J, Sivonen K, Lyra C, et al. 1997. Variation of micro-cystins, cyanobacterial hepatotoxins, in Anabaenaspp as a function of growth stimuli. Appl Environ Microbio, 63: 2206-2212.

Rawson D S. 1939. Some physical and chemical factors in the metabolism of lakes. American Association for the Advancement of Science Public, 10: 9-26.

Reynokds C S. 1984. The Ecology of Fresh Water Phytoplankton. London: Cambridge Univ Press.

Romanowska-Duda Z, Tarczynska M. 2002. The influence of microcystin-LR and hepatotoxic cyanobacterial extract on the water plant Spirodela oligorrhiza. Environ Toxico. 17: 434-440.

Ruangyuttikarn W, Miksik I, Pekkoh J, et al. 2004. Reversed-phaseliquidchromatographic-mass spectrometric determination of microcystin-LR in cyanobacteria blooms under alkaline conditions. Chromatogr B, 800(122): 315-319.

Shen P P, Shi Q, Hua Z C, et al. 2003. Analysis of microcystins in cyanobacteria blooms and surfacewater sam-ples from Meiliang Bay, Taihu Lake, China. Environ. Int, 29: 641-647.

Shen P P, Shi Q, Hua Z C, et al. 2003. Analysis of microcystins in cyanobacteriablooms and surface water samples from Meiliang Bay, Taihu Lake, China. Environmental International, 29(5): 641-647.

Sivonen K. 1990. Effects of light, temperature, nitrate, or thophos-phate, and bacteria on growth of and hepatotoxin production by Oscillatoria agardhiistrains. Appl Environ. Microbio, 56: 2658-2666.

Sivonen K, Jones G. 1999. Cyanobacterial toxins. In: Chorus I, Bartram J. Toxic Cyanobacteria in Water. A Guide to Their Public Health Consequences, Monitoring and Manage-Ment. London: E& FN Spon, WHO: 41-111.

Solidoroa C, Pastres R, Cossarini G, et al. 2004. Seasonal and spatial variability of water quality parameters in the lagoon of Venice. Journal of Marine Systems; 51: 7-18.

Song L R, Sano T, Li R H, et al. 1998. Microcystin production of Microcystis Viridis(cyanobacreia) under different culture conditions. Phycological Research, 46: 19-23.

Trevisan G V, Forsberg B R. 2007. Relationships among nitrogen and total phosphorus, algal biomass and zooplankton density in the central Amazonia lakes. Hydrobiologia, 586: 357-365.

Tsuji K, Masui H, Uemura H, et al. 2001. Analysis of microcystins in sediments using MMPB method. Toxicon,39(5):687-692.

Tsuji K, Naito S, Kondo F, et al. 1994. Stability of microcystins from cyanobacteria: effect of light decomposition and isomerization. Environ Sci Technol,28: 173-177.

United States Environment Protection Agency (U. S. EPA). 1998. National strategy for the development of regional nutrient criteria (EPA-822-R-98-002). Washington D C: United States Environment Protection Agency.

Utkilen H, Jolme N. 1998. Emergy the dorminating controlling factor microcystin production in Microcystis aeruginosa Compilantion of abstracts,4th International Conference on Toxic Cyanobacteria:63.

Wang H J, Liang X M, Jiang P H, et al. 2008. TN: TP ratio and planktivorous fish do not affect nutrient-chlorophyll relationships in shallow lakes. Freshwater Biology,53: 935-944.

Wang J X, Xie P, Guo N. 2007. Effects of nonylphenol on the growth and microcystin production of Microcystis strains. Environmental Research,103: 70-78.

Watanabe M F, Oishi S. 1985. Effects of enviromental factors ontoxicity of cyanobacterium Microcystis aeruginosaunder cul-ture conditions. Appl environ Microbio,49: 1342-1344.

Xu J, Yin K, Liu H, et al. 2010. A comparison of eutrophication impacts in two harbours in Hong Kong with different hydrodynamics. Journal of Marine Systems,83:276-286.

Yuan M, Carmichael WW. 2004. Detection and anaysis of the cyanobacterial peptide hepatotoxins microystin and nodularin using SELDI-TOF mass spectrometry. Toxicon,44(5): 561-570.

Yuan M, Carmichael WW. 2004. Diagnosis of tumor-like polypoid lesions of gallbladder by serum proteomic fingerprint. Toxicon,44(5): 561-570.